如何控制自己的情绪

情绪管理的22个定律

[美] 奇普·康利　著
[美] 谢传刚　译

EMOTIONAL EQUATIONS

Chip Conley

中信出版集团 · 北京

图书在版编目（CIP）数据

如何控制自己的情绪 /（美）奇普 · 康利著 ;（美）谢传刚译 . -- 2 版 . -- 北京：中信出版社, 2018.8（2019.12重印）

书名原文：Emotional Equations

ISBN 978-7-5086-8868-8

I. ①如… II. ①奇… ②谢… III. ①情绪 – 自我控制 – 通俗读物 IV. ①B842.6-49

中国版本图书馆CIP数据核字（2018）第 076607 号

如何控制自己的情绪

著　　者：[美] 奇普 · 康利

译　　者：[美] 谢传刚

出版发行：中信出版集团股份有限公司

（北京市朝阳区惠新东街甲 4 号富盛大厦 2 座　邮编　100029）

承 印 者：北京通州皇家印刷厂

开　　本：880mm × 1230mm　1/32　　印　　张：9　　字　　数：178 千字

版　　次：2018 年 8 月第 2 版　　印　　次：2019 年12月第8次印刷

京权图字：01–2012–0374　　广告经营许可证：京朝工商广字第 8087 号

书　　号：ISBN 978–7–5086–8868–8

定　　价：49.00 元

嘉　评

谢家华
美捷步首席执行官
《三双鞋》作者

很少有首席执行官在书中袒露内心世界，就像奇普·康利在他的这本书里所做的那样。这个真实而有力的故事，以及因而形成的情绪构成要素，解释了我们理解自己内心情绪的方法。这本书非常值得一读，并且是无价的人生指南。

丹尼尔·平克
《驱动力》作者

在这本非凡的著作里，一位美国优秀企业家和我们分享了他面临人生困境时重建个人与职业生涯的智慧。奇普·康利的方程是十分强大的工具，可使我们的情绪在工作上和生活中都时时为我们服务，而不是阻挠我们。

巴里·施瓦茨
《选择的悖论》作者

用几个数学方程就可表达人类复杂、微妙的情绪关系，这种解决方案你可能会嗤之以鼻。你可以嘲笑，但请读一读这本书！因为书里的每一个章节里都有一些重要的东西值得学习。奇普·康利所写的这本书既受欢迎又富挑战，简单中蕴含深意，抽象中不乏具体。用心读过这本书后，你的情绪世界就会变得不同。

情绪对许多人来说都是神秘的。奇普·康利为我们提供了全新的视角，揭示了情绪如何起作用、会导致何种结果，以及情绪状态如何塑造我们的幸福取向。这本书提供了一个实际的路线图，可帮助人们从工作中受益、实现自我定位和寻求满足感。阅读这本书就是一次情绪的深度之旅。

珍妮弗·阿克尔
斯坦福大学商学院泛大西洋市场营销系教授

我教过一名心理学系学生，他先是成为非常出色的企业家，然后又成为对人性有深刻理解的观察家，这对我来说真是令人难以置信的回报。奇普·康利的这本书极具挑战、发人深省又富有深意，而且非常实用。

菲利普·津巴多
斯坦福大学荣誉教授，《时间的悖论》作者

目　录

第四部分 定义你是谁

第五部分 找到满足

第六部分 自己动手

译者序

我是工程学本科，常年与方程打交道。妻子是位临床心理学博士，工作与情绪分不开。多年来，我们虽然互相好奇，但基本上井水不犯河水，在各自的领域发展。但 2012 年初奇普·康利出版的新书《如何控制自己的情绪》却证明了把方程与情绪结合在一起，其威力更是无穷。在一口气把该书读完后，我深深觉得有必要把它介绍给国内的广大读者。

因为我在三年前曾帮谢家华翻译过他阐述经营理念的《三双鞋》，并得到诸多好评，而且奇普与家华又是理念相似的旧识，所以我就顺理成章地接手翻译这本书了。

1987 年，26 岁的奇普在旧金山的田德隆区创办了他的第一家精品酒店。12 年后，26 岁的家华在两条街外的一个阁楼里成立了一家在网上销售鞋子的公司。多年以后，奇普把他的事业扩展成一个拥有50多家酒店、3000多名员工的幸福生活酒店集团，家华也把他的网站发展成年营业额超过10亿美元的美捷步公司。这期间，奇普出版了畅销书《巅峰：马斯洛赋予伟大公司的魔力》，家华也出版了一本荣登《纽约时报》非小说类畅销书榜排名第一的《三双鞋》。

奇普和家华在创业过程中都曾遭遇到巨大的困难，两人却不约而同地以非常相似的理念渡过了重重难关。这些过程他们分别在这本书及《三双鞋》内都有着墨。由于地理与理念的原因，奇普与家华很自然地就结为好友。套用奇普的话，家华是他“刚出生就分开的双胞胎”，家华也赞誉这本书是“无价的人生指南”。

身为家华的父亲，我在他开始经营美捷步公司时就辞掉了在跨国公司经营20多年得来的经理职位，搬到旧金山与他比邻而居，并开始经常参加美捷步的活动。

2000年，美捷步在与之毗邻的奇普的酒店举行员工联欢活动。后来有一次，家华邀请奇普到美捷步向全体员工发表主题演说。这期间，我与奇普也成了忘年之交。

决定翻译此书后，我拜读了奇普其他的著作，在网上观看了他在不同场合的演讲，也和他一起讨论一些细节，并访问了他的一些员工，希望能借此正确地传达出他的理念。然而个人才疏学浅，谬误在所难免，还望读者不吝指教。

谢传刚

第一部分

情绪方程

一个人如果能够控制自己的激情、烦恼和恐惧，那他就胜过国王。

——约翰·米尔顿

第 1 章　情绪 = 生活

2008 年 8 月 19 日，我的心脏突然停止了跳动。刚在台上做完商业演说，我就昏迷过去，心跳全无。虽然我对那天的记忆已模糊不清，但是被送进急诊室时，浓稠芳香的香薰油缓缓地滴到黑暗的木楼梯上的那个场景，仍然萦绕在我的脑海里。我恍然大悟，这是身体最后一次对我的棒喝。医生对我心脏骤停也给不出医学解释。

几年来一系列的身体警告，最终以心脏骤停达到高潮。这些警告就像是情绪的海啸向我迎面扑来，考验着我内心里自己到底是谁的想法：我一手建立的公司正面临倒闭，我的一个家人蒙冤被投进了圣昆廷州立监狱，我痛苦地结束了一段爱情长跑，我的 5 位朋友和同事也相继自杀。

我知道，我并不是唯一经历过这些悲剧与挫折的人。许多人都曾失控，或者陷入情绪的困惑。有时候，我们的情绪像水晶般透明，我们知道自己的感觉以及如何回应。其他的时候，我们却需要指引。我的心脏骤停，不仅是一个医疗急救，也是一次情绪急救。我感觉当自己在水中挣扎，拼命想呼吸空气时，我的情绪就像敌人一样，而不是我的直觉盟友。

我一直尽量戴着一副体面的“游戏面具”，因为我们这些首席执行官都想在旁人面前装出一副强大稳重的样子，而且有许多人依靠着我们。毕竟，我公司的法文名字就叫作“幸福生活酒店集团”，所以阴沉并不符合我们的形象。我于 1987 年创立了这家公司，把它经营成加州最大的精品酒店集团，拥有 3000 多名员工，并且娴熟地在公司里开创了健康的“心理卫生”课程。我也写过一本名为《巅峰：马斯洛赋予伟大公司的魔力》的书，阐述如何把心理学家亚伯拉罕·马斯洛提出的动机理论运用到工作中。

在那个十年中第一次经济衰退的艰难日子里，这个结合了心理学和商业经营的方式，使幸福生活酒店集团能够逆势发展，扩张了近 3 倍。而我也因此在全世界巡回演讲，宣讲怎样实现自我价值——在工作中发挥出自己全部的潜力。

当第二轮经济衰退在 2008 年席卷而来时，我却退缩回家——一个一度是我充满美好回忆的避难所，如今却充盈着丑陋思想的地方。我摘下游戏面具，完全陷入了滋长消极情绪的黑屋中。我察觉到内心的变化，却一点儿也理不清那是什么，更别说从中找到什么答案了。我感觉一股心理浓雾令我陷入瘫痪。

正当我等待一些启示时，我的一个好朋友——奇普·汉金斯——结束了自己的生命。他是我在这个世界上最好的“奇普”朋友，也是我十多年的保险经纪人——我十分佩服他的天性，有时也会去模仿他。我们不仅同名，也都是在公开场合显得外向，却也有内向和忧郁一面的人。我们都经营过酒吧，也都长期戒过酒。我们还都是精神生活追求者，喜欢举办疯狂的派对。我们一直在计划着有一天能举办一个“奇普”晚会，邀请全世界叫奇普的人，一起分享奇普世界的故事。

我却出现在奇普的追思会上，聆听一个接一个人讲述奇普的故事。那梦幻情景真令人恍惚。事实上，一直到那一刻，我脑袋里偶尔还会出现自己因出车祸或者患癌症戏剧性死亡的情景，来帮助我逃离生命里情绪面临的困境。很明显，我需要在心理和生活中按下复位键，做出一些基本的改变。渐渐地，因为痛失好友产生的恐惧与绝望赋予了我全新的认知，我可以在这个地球上重新活一次，也对我还能得到别人得不到的机会而萌生了感激之情。

在那些日子里，因为我又有 4 位朋友选择了死亡，我对绝望与自杀的性质有了更多的认识。在美国，每年都有近 100 万人尝试自杀，而其中 5%确实“成功”了。男性自杀者的人数是女性的 4 倍，在经济危机时期，自杀者主要是中年人士（我那 5 位朋友都是 40 多岁）。

这些令人触目惊心的数据，激发我去探寻一条能理解自己情绪的健康之路。

探寻情绪的密钥

我强迫自己重新阅读多年前看过的一本书，是心理学家维克托·弗兰克尔划时代的回忆录——《追寻生命的意义》。弗兰克尔博士的书对我来说可谓一种精神慰藉。我想既然他能够忍受纳粹集中营的折磨，那么我也能解决生活中的挑战。虽然我强烈地意识到公司需要一个新的解决方案来应对难题，但是我更关注改变自己的人生。如果我能够成功做到，公司也许也会有一个很大的转折。

我把《追寻生命的意义》里的故事讲给我的朋友和同事听，但是他们大多并不理解我为什么对这本书如此痴迷。尽管他们无动于衷，但是我仍继续阅读弗兰克尔的书，并且开始摘取书中的精华，把它演变成一个简单的方程：

绝望=苦难−意义

换句话说，绝望就是当承受苦难变得毫无意义时的结果。在一个人的低谷时期（对弗兰克尔来说，即他被投入集中营时），苦难实际上是一个常量，所以为了降低绝望感，最好是把注意力转移到寻求更多的意义上。

这个小小的精神准则成了我的灯塔。从早到晚，特别是当我备受考验时，我会默背这个方程，提醒自己不要太关注苦难，而要把注意力放在我能学到些什么上。因为全世界的服务业在这次经济衰退期间都遭受了重大的打击，幸福生活酒店集团的经营团队正活在“安静的绝望”中——但在有些情况下，并不能算很安静。有一次，在为公司的高层经理主持一系列领导力培训时，我了解到了他们的痛苦。我决定谈谈自己的脆弱与焦虑，并把自创的“人生意义”方程介绍给了他们。这些经理真的付诸行动了——他们开始向下面的员工发送短信和上网发微博。当我回过神来时，他们已经邀请我以“如何控制自己的情绪”为题开课。直到今天，我仍然在教幸福生活酒店集团的所有员工，怎样用“如何控制自己的情绪”来开发自己的洞察力和远见，获得幸福与成功。以下是几个最受欢迎的方程：

$$\text{失望} = \text{期望} - \text{现实}$$

$$\text{工作狂} = \frac{\text{你在逃避什么？}}{\text{你为何而活？}}$$

$$\text{真实性} = \text{自我觉知} \times \text{勇气}$$

$$\text{喜悦} = \text{爱} - \text{恐惧}$$

虽然如今大多数人既没有被关在集中营里，也不如公司的首席执行官愁苦，但是许多人都成了自己思想的囚犯。所以在本书里，我想问你“你是被什么囚禁着”，同时为你提供一些能打开这扇牢门的钥匙。弗兰克尔的“意义”方程给了我一些自由感，让我从自己习惯和恐惧的思维方式中解脱出来。恐惧是一种约束，它让你在面对一些事情时无能为力，又在人群中孤立。然而“恐惧”的古义是“船费”，旅客得付一定的船费，才能从一个地方到另一个地方。也许在这个不好渡过的经济海洋里，“恐惧”这个船费会带领我们踏入生活的另一片天地。

正如温斯顿·丘吉尔在第二次世界大战时的忠告：“如果你必须经过地狱，那就勇往直前吧！”如今亦是如此，我们都要明白，可以将那些黑暗的日子视作寻找力量的新途径——那些我们自己都没意识到的力量。毫无疑问，现今你面对一些需要你必须更加成熟应对的局面，这些挑战需要你能意识到自己的情绪。正如诗人纪伯伦所说：“你的痛苦是去打碎禁锢你思想的外壳。”在度过自己的艰难时期时，我在运用“意义”方程的工作中不断引发的疑问便是：生活中有哪些突破点能让我和身边的人发展出一些新东西？

数学与人生之间的平行线

在本书中，大多数的情绪方程，我们只采用基本的数学公式——加、减、乘、除——来表达，还要介绍如何运用它们。然而，我要提醒大家的是，事实上微积分才是众所周知的变化数学。在发明微积分后，艾萨克·牛顿也发展出针对运动定律的数学表达方式：**力=质量×重力**（更准确一点说，重力是加速度的一种形式）。

重力是一种万有引力，控制着整个物理世界。但是你可能没有想过，重力除了把我们限制在地球上之外，又是怎样影响着人类环境的。重力塑造了我们的体形；等我们上了年纪，通常会变矮，更加接近地面。重力也能塑造我们的情绪。比如，情绪包袱就是重力的一种形式。随着年龄的增长，我们不断地累积更多的情绪包袱，人也被压得透不过气来。我们越是与情绪的重力对抗，前进所需要的动力就会越多。与重力对抗的动力还会产生许多摩擦力。

另一方面，生活在一个无摩擦力的世界就像一个桨手在水面滑行一样——专业人士称之为“摇摆”，亚伯拉罕·马斯洛把它叫作“自我实现”，米哈里·契克森米哈赖称之为心流。这是抗拒重力的一种方式。

在我人生中最艰难的时期，我并没有感到处于心流状态。在某种情况下，我似乎可以感觉一股神秘的自然能量——就像重力一样——正密谋对我唱反调。那时候一个朋友告诉我：“你心中的数学乱成一团了。”这正是当你发现自己无法与世界同步时所感受到的——被套牢、沉重、充满摩擦、混沌一片。

混沌状态是一种数学理论，也描述了我们遭遇困难时的感受。作为一个在生命中一直像跳探戈似的平衡左右脑的人，我已经知道如何运用对情绪方程的领悟，为我带来对生活与工作的洞察力，教我提炼出人生中一些基本的真理。“情绪方程”为我们提供了一个崭新而可视的词语，可使我们更好地驾驭这个不安定的年代。

我十几岁时老是分不清代数中的常量与变量，似乎总是算不对。而现在，许多人也感觉老是在生活中找不到正确答案，就以祈祷、唱颂和宣言来作为一种成人版的代数。静思祈祷（“上帝，请赐我宁静去接受不能改变的一切，赐我勇气去改变我所能改变的一切，并赐我智慧去分辨两者的不同”），就是定义我们生活中常量与变量的一种安宁方程。

当我萎靡不振时，“意义”方程赋予了我知识与信仰。它告诉我，如果我能更关注那些不相干的痛苦事件所带来的意义，而不是痛苦本身，我的人生中可能就会少一点痛苦。在我最痛苦的那几周里，我感觉情绪方程就像我用来拆除情绪炸弹的指导手册。我需要的不是一个数学天才才能运用“意义”方程算出情绪的真理，而只是把它作为我日常的点拨和我从深井中爬出来的地图。尽管我对代数过敏，但是我清除内心混沌的方法已经使自己成了一个情绪数学家。

当然，世上并不存在能解决人生中各种谜团的完美公式或电子表格。但这个世界和我们的情绪息息相关，而这正是本书要讨论的：你的各种情绪之间的关系，它们能如何让你更加了解自己、人生的目标，以及你与他人的关系。

逆境创造伟大

思维和财富，这是大多数人需要些帮助才能厘清的一个主要关系。它们之间的关系密不可分。“低迷”这个词，我们既可以用以形容经济衰退，也可以用以形容人内心严重混乱的状态，这并不是一个巧合。经济衰退让你的钱包缩水，也削弱了你的意志。人生十大压力事件中有五件与你是否有工作，以及你的工作品质是否良好有关。你的工作不仅仅影响着你的自尊，它还安排了你一天的行程，联结了你与他人，同时也能赋予你一种使命感。

自“大萧条”以来，我们还没见过像现在这样的工作与精神出人意料的紧密联系。我们更熟悉像一场冬天的短暂风暴般的衰退，我们具备的解决能力只够应对这场不会持续太久的风暴。但是如果我们在这一经济马桶上蹲的时间比历史上任何一次衰退还长可怎么办？我们怎样才能找到一些内在资源去应付那些坏消息呢？

令人鼓舞的是，有些伟大的美国文学作品，比如《愤怒的葡萄》和《人鼠之间》就创作于“大萧条”时期。就在同一时期，拿破仑·希尔写出了畅销书《思考致富》（1937 年），鼓励读者们用积极的心态和思维的力量来改变命运。神学家莱因霍尔德·尼布尔开创了静思祈祷，在第二次世界大战中被美国劳军联合组织（USO）采用，之后又被匿名戒酒协会以及许多其他运用该协会所创的名为“改变行为的十二个步骤”的课程的组织相继采用。如此看来，似乎外面的世界变得越混乱，我们就越需要创造内心的逻辑。

为什么不幸能使一些人痛苦，却能激发另一些人变得足智多谋？什么样的应对技巧是你在逆境时能获得，在宁静时却无法发展出来的？有没有方法让你锻炼自己的意志，从而不再浪费那么多时间和精力在那些无用且无益的情绪与焦虑上呢？

这些是我非常个人的问题，部分是因为如此，我创造了第一个关于意义的情绪方程，后来为我的同事创造了更多的方程，现今又为你和其他人写作本书。在研究这些方程的过程中，我主动接触了一些心理学家和数学家，他们一般很热情（甚至授予我一个心理学荣誉博士学位）。有位知名学者告诉我，早在我用法语的“幸福”为公司命名时，我明显已经对情绪有了强烈的兴趣。让我放心的是，心理学界已经在用方程来表达幸福、积极性，甚至稳定婚姻的可能性。

在下面几个章节里，我要说的故事会建立在支撑情绪方程的数学和科学上，为你们提供一些纠正自己情绪的捷径，不论是在顺境还是逆境中，都能找到更清晰的视角和更多的控制力。思考情绪方程的一个方式是把它看作成人版的手指画。如果你混合两种原色，比如红色和蓝色，你就能得到紫色这种中间色。事实上，心理学家相信我们融合如原色般的情绪后，就能产生如间色般甚至有着微妙区别的第三层情绪。一个情绪方程就好像一张闪卡，可以放在面前去提醒自己情绪是彼此相关的，你也可以培养出自己完美的情绪配比。

本书的某些部分可能对你比他人更有意义，书中的某一章节可能与你现今的生活更相关。本书有点儿像一部情绪的百科全书，你不必按顺序一章一章读下去。实际上，我建议你一次只读一章，并思考一阵，让它渗透到你的潜意识里。你也可以每周选择专注于一个方程，然后将“详细解析方程”这一节融入你的日常生活。

本书的最后一章提供了一个很实用的框架，用以解析你自己的情绪，并且创造对你个人有意义的情绪方程。我邀请你加入情绪方程解密网站上的社区，这个成长中的社区情绪交流顺畅，人们会在上面分享对他们有益的情绪方程，网址是www.emotionalequations.com。

你情绪的看护人

我们都渴望一个充满活力的心脏和头脑，我们对情绪的状态难道就没有同样的渴望吗？我不是一个治疗师，但是我仍然能够在情绪方面指导你。在最艰难的时期，这些情绪方程支撑着我的领导技巧和我们公司的业绩。事实上，市场调查公司在 2010 年授予了公司“全美最佳客服”的美誉，在高档酒店中击败了万豪、希尔顿、凯悦、威斯汀、金普顿和半岛酒店。我相信最好的首席执行官都是真正的“情绪领袖”，因为伟大的公司都有伟大的文化，而一种伟大文化的核心就是健康的情绪。你可能不认为自己是一个领导，但是你在日常生活中确实在领导着自己，可能还有其他人。

相比我刚从商学院毕业时，这是一种迥然不同的态度。那时我相信为了要成为一名成功的首席执行官，我需要变身为“超人”。但是在担任首席执行官将近 24 年之后，我了解到人生中最好的领导不是什么超人，而是那些超级人性化的人。

所以只需把我看成是你情绪的看护人，或者是你的“街头心理治疗师”。虽然我用与“收缩”一词同字根的“心理治疗师”来描述一个情绪顾问，但我相信人生并不意味着收缩，而是一种延伸。

我希望本书能延伸并带领你和身边的人去创造一种更好的生活。使用情绪方程后，你会发现情绪不再消耗你的经历，而是代表你最好的一面。

这就是我，一个超级人性化的人写下的指南，希望能够对你有所帮助。

第 2 章　情绪：你的用户指南

在我担任公司首席执行官 20 多年的岁月里，我变得会阅读资产负债表，会有效拓展和营销一个引人注目的酒店，并且在开张时搞好宣传。但是这么多年来，我学到的最重要的东西可能是“微笑指数”。

当我走访我们所拥有的近 40 家分店，或者我们竞争对手的任意一家酒店时，我都能通过观察员工微笑的次数和效果很快地认清这个地方。我的情绪天线可以判断他们是真诚的还是假装而已。同样，在面试一位求职者时，我可以在 10 分钟内凭直觉了解其情绪状态，从而判断出对方是否适合这个职位。

最成功的企业领导者往往是情绪方面的专家。心理学家丹尼尔 · 戈尔曼所做的研究证明，企业管理者取得成功，2/3 可归功于情商，相较之下，智商和工作经验加起来只占 1/3。其他科学研究也表明，当我们在情绪冲动的状态下做决定时，我们的智商会暂时性下降 10~15 分。另外，当我们有意识地指出某种情绪时（比如专注于情绪方程时），这种想法会缓解情绪的强度，从而使我们大脑中较理性的部位（前额叶皮层）击败反应剧烈的部位。

大量的研究都表明情绪具有感染性，尤其是在一个家庭或者一个组织这种培养皿性质的背景下。一个领导者的情绪状态可以影响一个工作团队 50%~70% 的情绪，所以一个企业领导者可以把自己看成他工作团队的"情绪调节器"。这在你的家庭或其他经常聚在一起、有紧密联系的人群中也同样适用。

我们在其他方面也许很少有共同点，但情绪能把我们联系在一起，它们是人类通用的货币。不管你是讲波斯语还是冰岛语，是男人还是女人，8 岁还是 80 岁，情绪在生活中都是普遍存在的。当你和某人谈自己的感觉时，你很可能用身体的某些器官来形容你情绪的状态，比如，你会说，"我心碎了""我喉头打结""我肚子不太舒服"。正如我的祖母曾告诉我的："不管在世界上哪一个地方，当你感到难过、高兴、生气或难受时，只要你真实地表达自己的情绪，你就一定会和一些人建立联系。"

情绪的通畅度是指用健康和有效的方式去感知、转换，并有效运用情绪力量的能量。我们大多数人在工作和生活中接受驾车和电脑技能的培训比情绪方面的培训更多。我在这里欢迎你们来到情绪驾驶员训练班，请各位系好安全带。

情绪来自何处

不久之前，我的朋友、美捷步首席执行官谢家华出版了一本畅销书——《三双鞋》。有时候我希望有一个网站，在那上面我除了订购鞋子外，还可以订购幸福和快乐，或者至少可以得到一点点心灵的阳光。我的这本书提供了一种让你比邮购更快的方法得到你订购的东西，并去辨别、改变，进而影响你的情绪。

在我们能用语言描述它们之前，情绪就已经存在了。人类大脑的情绪中心（延髓）先于大脑用来思考的部分（大脑新皮质）形成。从达尔文和保罗·埃克曼到弗兰斯·德瓦尔与简·古多尔，这些科学家在包括人类在内的所有动物身上发现了共同的情绪。科学家安东尼奥·达马西奥、坎达丝·帕特、约瑟夫·勒杜等人的开创性研究表明，我们的思想和情绪是复杂的身心生态系统的一部分。不管是出于对那些属于我们生存本能的“战斗或逃跑”的真实反应，还是对我们伴侣的爱，情绪都提供了一种保护和促进生活的方法。

在 19 世纪，威廉·詹姆斯可能是最早创立情绪方程的心理学家，他指出自尊等于成功除以虚荣：

$$\text{自尊}=\frac{\text{成功}}{\text{虚荣}}$$

当然，答案很大程度上取决于我们如何定义成功和虚荣。詹姆斯的看法是，如果我们对现状的认知，也就是我们所取得的成就

（成功）超过了我们的潜力——也就是我们认为我们应该取得的成就（虚荣），我们的自我感觉就会非常好。

1841年，詹姆斯写了一篇至今仍有争论的关于“情绪是什么”的划时代的文章。此后，心理学家就一直在争论情绪与生理效应何者为先这种“先有鸡还是先有蛋”的问题。詹姆斯研究的问题是：是一个外来的刺激会使你生气、鼻孔外翻、身体紧张起来，还是内部心理的反应会导致情绪反应？专家们证实，由于情绪对我们大部分人来说是在相当无意识的情况下的反应，我们有着让情绪控制我们的危险。人生的真理就是我们越忽视自己的情绪，它们就越有可能变成一股影响我们的强大力量。

这些对你来说意味着什么呢？“情绪”（emotion）的拉丁语词根意思是“移动”，也就是说情绪等于能量加上运动。情绪是转变或者推动你人生的工具。它们既不稳定，也不呆滞。就像天气一样，不会日日晴朗，也不会天天暴风雨。情绪来也匆匆，去也匆匆。每一时刻所感受到的特别天气状况都是气压、湿度、气温和海拔等多种因素造成的结果，情绪也是如此。沮丧可能是惊喜和悲伤的混合，而喜悦可能是苦乐参半。

当一种情绪在我们身上停滞不前时，我们会发现自己处于沮丧的状态，这经常被定义为未发泄出来的愤怒。压抑情绪会导致情绪失控，因此学习如何把你的情绪发泄出来是你可以为自己和其他人做的有意义的一件事。

思考一下这个问题：你会用外部的天气作为转移你内部天气的

一种手段吗？成为一个聪明的内心天气预报员，使我在这些年的奋斗中随时了解自己的心理变化。另外，让我感到安慰的是，我知道在这一刻我还遭受着骇人的情绪暴风雨，在下一刻却会变得阳光明媚。

我们拥有多少种情绪？

这个问题可以设计成一个让大家共同参与的游戏。从亚里士多德到阿尔弗雷德·阿德勒，几千年来哲学家和心理学家一直在提供答案。大多数学者同意基本的人类情绪有 4~10 种，获得最广泛认同的情绪有恐惧、生气、伤心、厌恶、惊喜和高兴。不过我和很多人都认为爱是人类最普遍的情绪。

我曾经看过表达情绪的词句的统计总数有 558~800 个。令人不解的是，几乎在每一项研究中，将近 2/3 的词句都有负面含义。所以，有一份欢乐，就会有一份忧郁和一份贪婪。

因为有这么多已被识别的情绪，自己想要对号入座并不容易。当你感到内心挣扎时，你可能真的会有“复杂的情绪”。好在过去几十年来，心理学家已经分辨出基本情绪的主要结合，以及它们怎样引起其他高级或者次级的情绪。

心理学家罗伯特·普拉切克创立了一个我们的情绪如何运作的著名理论。他仿造原色轮的方式创造了一个情绪圈，指出了 8 种最主要的情绪，包括高兴、期望、愤怒、厌恶、悲伤、惊讶、恐惧和信任。在这 8 种基本情绪的周围，又有很多不同的变化。

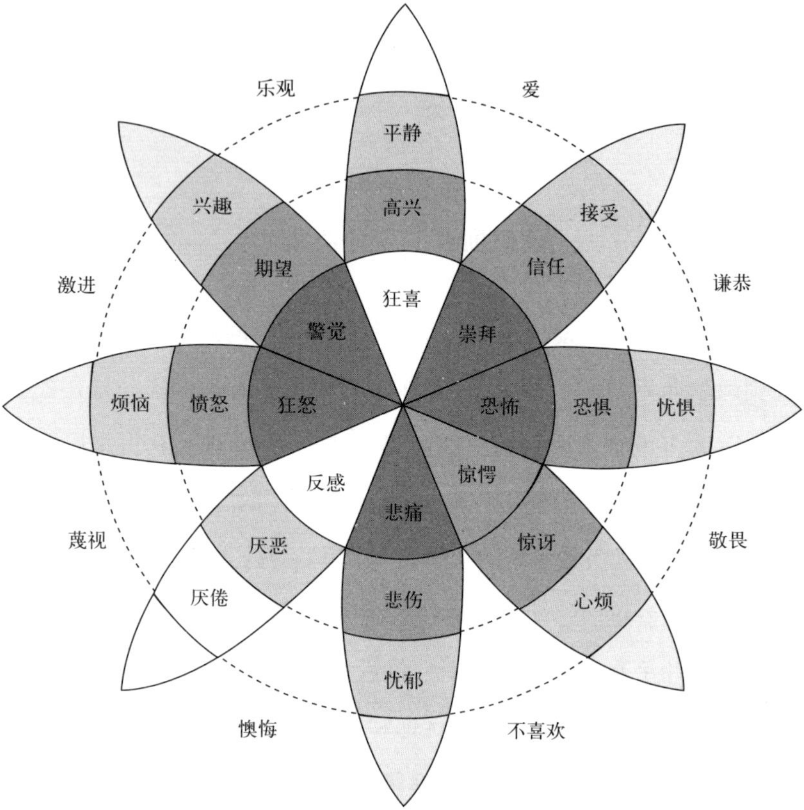

普拉切克的情绪色轮

恐惧和悲伤是基本的情绪，正如绿色和蓝色是原色一样。高兴和悲伤是相反的情绪，正如黄色和紫色是相反色一样。在主要情绪之间和周围是其他表现不同的情绪。

当成年人被要求观看照片里不同表情的人脸时，他们几乎都能准确判断脸上的表情代表哪种基本情绪。这种情况在大多数人被要求去分辨不同的原色时也同样适合。但是当我们被要求去分辨众多不同的色调和色谱时，只有上帝能帮助这世上的色盲（包括我，尽管我称自己为“色笨”）。事实上，不仅仅色盲者对分辨众多色调束手无策，很多并不专注于颜色研究的人也看不出长春花和薰衣草的颜色有多大区别。同样，在我们与某人面对面时，我们也很难辨别对方复杂的情绪（除非他是一个小孩子，因为不管是伤心、惊喜、生气还是高兴，小孩子更倾向于不加掩饰地表达情绪）。当你难以从某人的表情中获得你想要的信息时，你会觉得自己是“情绪盲”或者“情绪笨”，但是本书就像给了你一些矫正眼镜，使你能够开始洞悉情绪的五光十色。

事件 + 反应 = 结果

有很多人不会分辨发生在他们身上的事情和他们对此的反应。但事件或形势并不掌控情绪，是我们的信念造成了我们的反应。而且当你多次产生一个相同的反应后，比如呵斥你的孩子，与老板或客户打交道时焦虑不安，或是在高速公路上被超车时感到愤怒，你就会形成一个本能的、习惯性的反应。换句话说，你有个“ERO”：**事件（E）+ 反应（R）= 结果（O）**。

这个类似膝跳反射的描述实际上是一个重要的提示，即在某种程度上你可以控制自己的情绪。正如维克托 · 弗兰克尔所写：“刺激和反应之间存在着空间，在这一空间里是我们选择反应的力量。我们的反应体现了我们的成长和自由。”你有权选择你的反应方式。你是你所做决定的产物，而不是环境的产物。

为了打破你习惯性的反应，你需要识别情绪传达给你的信息，把情绪当作让你能自由选择的信息，所以恐惧就采取防御措施，后悔就吸取教训，悲伤就释放出来，高兴就尽情张扬，怜悯就团结一致吧。

情绪不会碰巧出现在你身上，好像你是一个心甘情愿的受害者一样。情绪就像黏土，你可以把它们塑造成艺术品，那就是你的生活。你有能力超越一系列怨恨和苦恼。事实上，个别情绪的生命期大约只有 90 秒而已，而我们普遍人一直在重演和经历的是情绪的后续影响。

重建你和情绪的关系

让一种情绪出现在你身上是健康的，而让一种情绪控制你则是不健康的。控制情绪需要对它们有一定的观察或监测。对我而言，在经营中，我们的公司会在可预见的季节性波动中进入生意淡季，伴随着现金流短缺，那意味着“恐惧又来了”。为了防止现金流短缺恶化成胸闷和行动紧张，我需要察觉到一种情绪最初的信号，包括它出现在我身体的哪一部分，在情绪的“色轮”中还有哪些伴随而来的其他颜色的情绪。

这就是情绪方程成为我盟友的地方。在过去的几年里，当我被一堆情绪压得喘不过气时，我会找一个安静的地方，做几次深呼吸，接着写下那个时刻从我身上流过的一切身体感觉和情绪语言。然后我会看看写下的内容，开始想清楚不同的情绪是如何结合在一起的。最终，我发现这个过程就像解一个数学方程。一些这样的情绪，加上一些那样的情绪，便构成了我的情绪。分解情绪、弄懂情绪并把它们归类，这样才能让我免于崩溃。

情绪方程成了我的心理定位系统，使我能够衡量困难或者未知的地形。这帮助我有效地侦察、转化、驾驭和引导情绪，使之变得更加理性和明确，而不是零散和混乱。愤怒可以转变成勇气，妒忌可以撑大胸怀。

现在让我们简短地复习一下相关的数学知识，以便更好地帮助你解析本书中关键的情绪方程。

数学：一切都与关系有关

方程就是用一种方法来表达两个或多个事物，或者两种或多种力量之间的关系。情绪方程有助于阐述一种情绪和另一种情绪之间的关系以及这两种情绪怎样结合产生第三种情绪。

在本书中，除了第 13 章和第 19 章，所有的情绪方程都是简单的加、减、乘、除。让我们先从最简单的数学运算——加法和减法开始，然后再看乘法和除法。

加法和减法

如果你把一个东西加到另外一个上，它就会变大（可能会更复杂）；当你做相反的事情时，正数变小，更接近零。现在我们把这种简单的加减法运用到情绪的计算上。前面我们谈到罗伯特·普拉切克的情绪色轮。他说，如果你将期望和高兴这两种主要情绪加在一起，你将得到乐观这个次级情绪。如果你从乐观中减去高兴，结果又会怎样？依据基础数学，那将会带给你期望。

乐观－高兴＝期望

这看起来好像是对的。

看看下面这个练习。让我们假设：

遗憾＝沮丧＋责任

当你从遗憾中减去责任，结果会是什么？结果就是你会沮丧，这是一种基本的情绪，所以“**遗憾－责任＝沮丧**”（注意：并不是所有的方程都可以像这样混合或者变形。例如，我最喜欢的一个方程是“绝望＝苦难－意义”，但这不能变形成“**绝望＋意义＝苦难**”。所以，最好保持方程的原样）。

乘法

与加法相比，选择乘法作为一种建立数字间关系的手段，意味着你将得出一个惊人的结果。这表明某两个元素之间有一种更强大的关系。

第 7 章主要是讲情绪方程“**焦虑=不确定性×无力感**”。为什么我要把这两种情绪状态（或者特性）相乘而不是相加呢？我认为把你不知道的东西（不确定性）和你不能控制的东西（无力感）相乘会产生比两者相加更大的情绪——焦虑。研究表明，你自己也会有这样的体验，生活中最可怕的并不是面对未知，而是面对那些不确定的事情，因为你没有准备好或无力应对它们，进而会产生的巨大恐惧感。遇到这种情况，试着把你的不确定性或无力感降到最低，这对减轻你的焦虑有莫大的帮助。

除法

我的数学家朋友告诉我，除法在科学、物理学和代数学中最为普遍。这是因为与加法和减法相比，在一个除法等式中改变除数和被除数能够产生更多的动态结果。

做一个除法运算，我们需要引进两个数学名词：被除数和除数。等式 12=24÷2，其中 24 是被除数，2 是除数。把除数稍微变大一点，比如从 2 变到 4，你会看到结果发生了巨大的变化。在这种情况下，把除数增加一倍，结果就从 12 减半到 6，6=24 ÷4，所以除数对结果有极大的影响。

例如，我最喜欢的等式中，有一个是我在 2010 年的 TED（科技、娱乐和设计）大会上描述过的：

$$幸福=\frac{想要拥有的}{拥有想要的}$$

这看起来像一道脑筋急转弯，我们可以这样想："想要拥有的"就像践行感恩，意思是珍惜你生命中的好运。"拥有想要的"对我而言，意味着你正追求那些将会给你带来满足感的东西，却潜在地忽略了你已经拥有的。换句话说，

$$幸福=\frac{践行感恩}{追求满足感}$$

感恩和满足感之间的对抗在现代社会里正在上演。尽管我们有很多方法可以把感恩植入我们的生活，但只要我们对满足感的需求提升了我们的欲求，我们的幸福就会转瞬即逝；我们在抓住它之前永远有下一个目标或体验要去完成。

这个等式让我看清了我们大多数人都是在"追求幸福"的跑步机上。这个等式帮助很多我认识的人明白了实践幸福和追求幸福的不同。当我的幸福感难以捉摸时，我会问自己："现在我对哪些事情没有表示感恩，哪些我正在追求的事情转移了我的那份感恩之情？"在接下来讨论除法的章节里，你将看到我建议我们从被除数

或者除数切入来改变结果。对此你要特别注意，因为这将对你的情绪状态带来深远的影响。

现在，在你准备好钻研这些方程时，不必恐惧。情绪方程只是简单地运用数学这个透镜来探寻你内心情绪的奥秘。所以请享受冒险，试着不要让数学阻碍你从每章中获取更重要的信息。在这里，数学可以是你的朋友！

第二部分

应对艰难时期

我们不应因我们的困境，而应因没能从中发展出一些美好的事物，而感到不安。

——**阿兰·德波顿**

第 3 章　绝望=苦难-意义

在 20 世纪 40 年代初，维克托·弗兰克尔是奥地利维也纳一位年轻有前途的心理学家。他和大家庭关系和睦，他新创的心理治疗方法也在欧洲心理学界颇受重视。弗兰克尔认为，人类生命中的主要动力是体验意义的个人意志。在这方面，他跟以享乐意志为理论的西格蒙德·弗洛伊德和以权力意志为理论的阿尔弗雷德·阿德勒是不同的。弗兰克尔经常引用尼采写的“一个拥有‘为什么’的人，就能承受几乎一切的‘如何’”。当时弗兰克尔并不知道即将爆发的战争会深刻考验他体验意义的性格和意志。他在意义深远的战后回忆录《追寻生命的意义》里记录了他依靠情绪方程活下去的经历。

1942 年 9 月 24 日，弗兰克尔、他的妻子和他的父母被迫分开，并被分别运送到不同的集中营。在接下来的三年里，他经历了如同地狱般的生活，被纳粹囚禁，被剥夺了一切。不幸的是，他的家人都死了。

支撑着弗兰克尔和他身边囚友们的是他的信念，就是无论环境多么可怕，只要运用正确的情绪工具，人就能找到意义感。他经常看到，那些先死的并不一定是入营时病最重或最弱的，而是那些过于关注苦难的人。在如此恶劣的环境下，能够追求意义、智慧和学习的人，才更有能力存活下来。

弗兰克尔在书中写道："对未来失去信念的囚犯注定会死。"他说，一个囚友在积极面对苦难时，梦想着集中营会在 1944 年 3 月 30 日被解放。但是随着那一天的接近，而附近毫无解放他们的军队到来的信号，他变得越来越沮丧。3 月 30 日那天他放弃了希望，第二天他就死了，因为他生存的意志破灭了。集中营的环境固然是塑造囚犯反应的因素之一，但是个人身心健康状态以及当他们面对外部环境时内心的反应决定了他们的生死。

弗兰克尔认为一个人活着"主要是为了实现意义，而不仅仅是为了对欲望和本能的喜悦与满足"。所以对于囚犯们而言，找寻意义可以转化为，当他们被困集中营时，如何将这凄惨的经历视为改变人生的催化剂，或想象他们是由于一些神圣的意义而被囚禁的。在弗兰克尔从集中营被释放后，他用余生来帮助人们理解到，即使是在最痛苦的时期，探寻意义也能驱散绝望。

在从事心理工作时，弗兰克尔经常看到病人因为糟糕的婚姻、身体的痛苦或不幸的职业生涯而陷入某种精神牢狱。他新造了"失业神经症”一词，来形容那些没有工作和把这种失业与无用画上等号的人。自我感觉无用的人很有可能觉得他们的人生也毫无意义，因此弗兰克尔建议这样的病人把他们的时间无偿献给对他们个人有意义的事业或者组织。这种做法不仅为病人开创了一些有价值的训练，同时也帮助他们去体验意义，并引导他们更快地找到工作。

尽管我们大多数人永远没有在真实监狱里待过的经验，但是我们一定可以想象那种苦难的感受，不管是面对痛苦的外在环境，还是对待内心挣扎。你有没有构建过自己的监狱？如果有，我恳请你把这一章作为你“走出牢狱，获得自由”的通行证。

苦难=痛苦 × 抗拒

上面的这个等式可追溯到 16 世纪西班牙的天主教圣徒和神秘修女亚维拉的德兰，再往前就到佛陀了。“痛苦”和“苦难”可以是同义词，而正是对它们的抗拒扩大了这种关系（或者，正如佛陀所说，是我们对曾经拥有的或认为应该得到的东西的依恋造成了苦难）。抗拒是一种自愿的行动，可以增加苦难，也可以消除苦难。这取决于你自己的选择。根据这个公式，苦难也可以视为自愿的。因为如果你把抗拒降到零，苦难就会同样消失。

丹·米尔曼认为痛苦是相对比较客观和肉体上的，而“苦难是对发生的事情的心理抗拒。事情可以造成身体上的痛苦，但是事情本身并不能造成苦难，抗拒才会形成苦难。当你有心理抗拒时，压力就产生了”。

对于正处于苦难之中的人而言，这也许有些不够尊重。但正如在第 2 章里所学到的，环境并不是我们不幸福的主要原因，我们对环境的反应才是。我们是抗拒还是接受？这是人生中最基本的问题之一，而且不容易回答。面对无法控制的困难或处境，你会如何应对？在大半生时间都在努力用我取得的成就去克服逆境后，我发现“接受”——更贴切的词也许是“屈服”——真的很难捉摸。

有的时候，尽管在经受痛苦，但抗拒才是正确的答案。我的亲身经历是，曾经有 5 年多痛苦的岁月帮助一位家人，为其刑事诉讼和定罪辩护。而他依然被判在拘留重刑犯的圣昆廷州立监狱服刑，这考验了我们两个人在这种处境下找寻意义的能力。最终，联邦法官释放了他，我们的抗辩使得正义得到伸张。

关键是不要聚焦在苦难上。佛陀教导有“四圣谛”，第一条就是苦难无处不在。不只是在集中营，不只是在监狱，不只是在历史性衰退期。苦难是我们生命中的常客。一旦你停止专注于常有的苦难，反而开始集中注意力于减轻痛苦和找寻苦难经历中的意义，那也是在树立一个崇高的目标。一旦你修正你的期望并意识到苦难是常有的，就像氧气和电，你就可以依赖苦难；如果你不再关注它，你就可以将注意力转移到生活给予你的其他事物上。

人类是意义的创建者

积极心理学家相信创建意义是人类的基本需求：我们努力让自己在世界上的存在有意义，特别是当世界变得更加复杂时。生活变得越复杂，我们就越要对其意义予以关注。没有意义的世界就是绝望等于苦难的世界，最后让自己沉溺于令人分心的事物——电视、网络和酒精，以此来麻醉自己、抵消痛苦。

著有《象与骑象人：幸福的假设》的乔纳森·海特认为，在生活中成长的关键“不是乐观本身，而是创建意义”，书中引述了心理创伤与之后的身体健康问题之间关系的研究结果。心理创伤，无论是因受到性虐待还是失去伴侣而自杀（并非疾病或意外事故），本身几乎都不是关键。重要的是事后人们的所为：那些和朋友交谈或者有支持者的人能够在相当程度上减少心理创伤对健康的伤害。写作也同样是强有力的良药。然而无论是说出来还是写下来，只有那些能从可怕的经历中汲取意义的人，才能产生显著的积极作用。

心理创伤是有伤口的。如果伤口清理干净又包扎得好，它就能够痊愈，也许连伤疤都看不见。我们都有伤痕，绝望是人类与生俱来的情绪。但是我们的健康与我们实际的创伤关系并不大，更相关的是我们处理伤口的方法。古埃塞俄比亚人有句谚语：“掩盖疾病的人不要期望治愈病症。”没处理的伤口会演变成慢性“疾病”。不过，治好伤口，你就可以继续你的生活了。

为我的人生创建意义

有人说过，生活的目标是寻找有目标的生活。这同样适用于意义：生活的意义是寻找有意义的生活。在我45岁到50岁时，我感觉好像一切都不对劲儿。回想起来，我明白我当时正在经历情绪和身份的转换，就如毛毛虫到蝴蝶的蜕变。唯一的难题是，我的蜕变是发生在一个极其公开透明的玻璃茧里。

同时，我写作的本性让我觉得有必要写日志，好为我超出预想的世界寻求意义。尽管我并不喜欢写日志，但那段时间我给自己强加了一定的自律。我不停地回到“意义”方程，即“**绝望=苦难−意义**”，并问自己：“所有这些迥然不同又无比艰难的经历有什么意义？”

我的人生主题从碎石瓦砾中开始呈现。也许是注定的，我把26岁时创办的第一家酒店命名为“凤凰”，用以彰显这从灰烬中浴火重生的神鸟再合适不过了，因为我们把一个受妓女喜爱的无名汽车旅馆转型成一个成功（虽然名誉不佳）的摇滚酒店，连戴维·鲍伊、琳达·朗丝黛这样的人都喜爱。我在中年时期重生了。一旦搞清楚这些之后，我明白所有乱七八糟的事不只发生在我身上。

为了摆脱一些公司业绩不佳带来的负担，我把我公司的多数股份卖给了一个完美而且充满热情的人（他碰巧是个亿万富翁），现在公司再次迅速发展并与汤普森酒店合作。我更多地投身于第二使命——成为作家和演说家，这和做首席执行官的要求并不搭调。在有两位伴侣同我度过将近20年的时光后，我已经平静地成为单身人士。我加深了和朋友的友谊、和家人的关系以及对自我的理解。作为我送给自己 50 岁生日的礼物，我写了一本名为《死亡边缘》的短篇自传，为我寻找到的意义进行了说明，并与我最亲密的朋友和家人分享。这个重生的过程治愈了我的伤口，帮助我继续前行，使我留下的疤痕更像是战利品。

解析这个方程

绝望=苦难−意义

以下是一些探寻你生命中意义的建议。

重新思考你的假设并与你的“为什么”联系起来。苦难经常发生在新旧思想交替之时。如果我们坚持不再适合自己的观点，又找不到重新定位生活的新方式，就会痛苦。从令你痛苦的根源去寻找可能的假设，并问自己它们是否依然有效。你能想象一种新的思考方式吗？看看贝瑟尼·汉密尔顿——在一次鲨鱼袭击中失去一只胳膊的青少年冲浪冠军。贝瑟尼遭受了巨大的身体伤害，大多数人都认为她再也不想下海了。但是事故发生后还不到一个月，她就回到冲浪板上，用一只胳膊重新冲浪。今天，她继续在比赛中获胜。联系你自己的使命，从支撑你的苦难经历中寻找方法来达成你的使命。

找到一种表达自己的方式。对于有些人（右脑思维者）来说，表达自己即是发泄，因为这意味着释放了情绪。对于其他人（左脑思维者）而言，与苦难经历的交锋可能会推出一些为什么会发生这些事的逻辑或原理。不管你属于哪一种，你都可以将苦难转化，并与其意义相联系——发展出一段叙述，一个故事或者主题，并可使你明白，从长远来看，这种经历是你在人生道路上与之相匹配的意外收获。你可以写日志，可以参加某种互助团体、宗教仪式，或是收集并展示代表你感受的图像和实物，以此来表达自己。不过要注意，并不是用这些表达继续沉溺于苦难中，要愿意发现一切可能出现的意义。

不要太抽象而忽略了具体。弗兰克尔曾写到，在集中营他感到教导别人很勉强："重要的不是我们从生活中期望得到什么，而是我们如何回报生活。我们不要再追问生活的意义，而是要把自己想成每日每时被生活质问的对象。我们必须有正确的行为和表现，而不是以语言和苦思作为回答。"

很多人会因一心想着寻找通道尽头的光明而分散了注意力，从而没有看清他们身边的东西。创造一个抽象的意义只会成为另一个干扰。现在生活在向你要求什么？你此刻能否点亮手中抽象的蜡烛来照明，让你和周围人的今天发生一些改变？

我在 10 年里两次面对"一生一遇"的经济衰退，我每天都在寻找能改善我周围人心理健康状况的办法。仿佛是生活在问我："当这一切都烟消云散时，我们公司的文化会成为什么样子？在这个时候，我又能做些什么给文化带来生气？”你可以把这种思考应用到你的家庭生活中：“今晚我回家时，我怎样才能以榜样的方式出现？”你能做些什么，好把注意力从坏消息（痛苦）转移并集中到你能控制的事情（意义）上？

描述“崭新的你”。回顾一下你所面对的挑战让你成长了多少。列出 5 个形容词，比如有创意、有耐心、有同情心、聪明和适应能力强，来描述经历苦难之后的你。然后想象这个“崭新的你”在世界上怎样做出贡献去帮助你成为其他人的榜样。别担心，我不是要求你成为下一个“圣雄”甘地，而是要说明在艰难时刻萌生的新习惯和行为，会在你前行时支持并强化你的个性。

我还想推荐你阅读弗兰克尔最喜爱的书——列夫·托尔斯泰的小说《伊万·伊里奇之死》，写的是一个人突然知道自己将死，却面临此生已虚度的事实的故事。尽管伊万只剩下几天的生命，但意识到这一点给他带来了新的灵感，促使他成为一个“崭新的人”。

当找寻不到意义时，我们通常会去找寻刺激或分散注意力。这不是世界末日，但不要等到只剩几天的时候才去体验有意义的生活。即使相对于你的上师，你更喜欢多莉·帕顿，你心中的美好时光是拉斯韦加斯大道而不是佛堂，这个方程也和你有关。意义在任何地方都能找到你，当你和孩子在公园时或是和同事在午餐交流时，只要你肯打开心扉（和意愿）去呈现自己。正如尼采所说，衡量我们自己的是我们如何把痛苦或苦难转化为生活中的意义。

第 4 章　失望=期望-现实

亚伯拉罕·林肯 7 岁时，他和家人被赶出了他们的住所，他不得不开始干活来帮助父母维持家计。他 9 岁时，母亲去世。还是孩子的时候，他的头部被马踢过，有一次还差一点溺死。纵观他的一生，两次患上疟疾，还得过梅毒和天花。21 岁时，经商失败。23 岁时，因竞选州议员而失去工作，还被法学院拒收。同年，他借钱开始经营另一个生意，但一年后便破产。26 岁时，他订婚后准备结婚，但他的未婚妻却过世了。不久，他唯一的姐姐又死于难产。林肯一下子跌到了情绪的低谷，6 个月卧床不起。

28 岁，他竞选州议会议长失败；33 岁，竞选众议院议员失败；39 岁，再次竞选众议院议员，再次失败；45 岁，竞选参议院议员失败；47 岁，竞选党内副总统提名失败；49 岁，再次竞选参议院议员，再次失利。尽管遭受了所有这些打击，但林肯却在 51 岁时当选为美国第 16 任总统。

这一生中，林肯写过一些伤感的长诗，其中一篇提到了自杀。与他同时代的人以及大部分历史学家都说他是一个忧郁的人，有些人还认为他饱受沮丧的折磨。他的著作也在表达痛苦、疑惑，还有一点点自卑。但正是这些品质和他自身的抑郁成了他日后成功的基石。

林肯曾经写道："我对于失望太习以为常了，所以不会懊恼。"换句话说，就是他对生活有着现实的理解。尽管有大大小小各种悲剧和失望，但他还是继续前进。他几乎感觉不到有什么与生俱来的特权。林肯卑微的出身和质朴的自评没有让他放弃对成功的追求，但的确缓和了他的期望。有专家指出，"正是林肯一生对意义的追求"给了他继续前行的动力。

林肯似乎把失望当作了自己勤奋和自律的教训。他的事迹被称为整合而不是转变。他的一切伟大作为并不是因为消除令他抑郁的难题而得来的，反而是这些难题驱动他去做一番伟大的事业。他的适应能力和弹性展示了失望能赋予一个中年人多么坚强的毅力。

20 世纪 90 年代中期，心理学家在美国人和德国人中间进行了一次有关人类发生情绪频率和强度的详尽调查。在包括内疚、孤独、尴尬和伤心等 13 种不适的情绪中，失望是调查反馈中遥遥领先的、强度极高的情绪。就频率来说，失望紧跟在焦虑和愤怒后面位列第三。也有研究显示，到了中年时期，如果我们在现实中所达到的成就不及我们所期望得到的，失望是最容易出现的情绪。

和其他人相比，林肯可能是以高度建设性和比其他人更积极的方式渡过了他的中年危机，因为他已能适应希望落空的动荡和黑暗。这些接踵而至的挫败可以扩大我们对于可能性的觉知和认识，让我们超越自身视野的限制，超越我们的自我觉知——我们到底是怎样的人，以及我们拥有什么。正如英国的讽刺作家兼诗人亚历山大·波普所写："无所期望的人是有福的，因为他永远不会失望。"

波普的这段话很容易被误解为当事情出错时为逃避找借口。然而林肯是个极好的例子，他学会放低自己的期望，但又继续去追求自己的抱负、梦想和目标。下面让我们来探讨失望、期望和现实的真正含义吧。

期望的祝福和诅咒

失望和遗憾住在同一栋楼里，只是比遗憾低一层。遗憾（我们会在下一章继续探讨）的代价会更高，因为它关乎你所做的导致了不理想结果的选择，你的责任或角色造成了问题、损失或悲剧。感到失望意味着你没有得到自己想要的。另外，当你仍然觉得你可以影响结果的时候，你就会有挫败感。

目前你生活中有哪些事情是事与愿违的？如果要你界定那是失望还是挫败感，你会选哪一种？失望是承认事情已经过去，所以经常伴随着泄气或挫败感。

从每天早上起床那一刻起，我们心中就怀揣各种期望。可能是天气不错这种普通事，可能是更重要的职位晋升的事，也可能是购买了原本期望很高的汽车一周后就懊悔，或者是在度蜜月后感到一阵伤感。而心理学家巴里·施瓦茨在他的著作《选择的悖论》中认为："我们在控制自己的期望上多下功夫，要比做任何其他事情更能影响生活的品质。"这个数学等式非常清楚：你的期望越大，潜在的失望也会越大。

按照这个等式，你有两种方式可以减少自己潜在的失望：要么降低自己的期望，要么改变现实，至少是你的现实感。

如果你认为期望高可以帮助你成功，那你基本不会选择第一种方式。事实上，有很多例子显示出，亚裔青少年往往能在标准考试中得高分，因为他们的父母给他们设定了很高的期望。

一些研究人员相信，"失望效应"是让那些期望过高的人没有做好准备或者有所缓冲来面对失望，因此当他们经历失望时会不知道怎么应对。那些能预测生活中最糟糕一面的人知道，提高期望值会带来潜在的失望，因此他们会降低自己的期望。另外，有些人则认为，因为担心会失望而躲避，从而弃绝多姿多彩的生活，十分可惜。

很明显，这个等式在你试图设定期望时给了你一个缓冲。你的期望是给你打气还是让你泄气呢？

这样我们就可以给"现实"下个定义了，它可是这个方程舞台上的一个重要角色，但是很少有人提及。现实是你所造就的，所以它可以是这个方程里决定性的变量。奥运选手拿到一枚银牌比拿到一枚铜牌要更不开心。为什么呢？因为很多银牌获得者都期望得到一枚金牌（往上和他们差一点就可以获得金牌的选手相比），而很多铜牌获得者原本不太确定能获得奖牌（往下和那些空手而归的选手相比），这个例子再次证明期望直接影响幸福感。

倘若这些选手能重新设定他们对于结果的情绪反应呢？为了理解这个方程，让我们进一步了解我们认为的现实吧。

变化会发生

社会科学家亚利克斯·米克洛斯研究过人们对经历的感知质量，换句话说，就是人们对已经发生的事情的现实感受。他提出人们会根据“三个差距”来建立对于满足感的感知水平：你拥有的和你想要的之间的差距（“我想要美丽的绿草坪”）、你拥有的和你认为其他人拥有的之间的差距（“邻居家的草坪更绿”），以及你现在拥有的和你曾经拥有的最好经历之间的差距（“我不喜欢现在的草坪，我还是想念以前的”）。我还会加上第四个：你拥有的和你觉得你应得的之间的差距（“我已经很努力地在养护草坪了”）。

关于这些差距的一个问题是，现代社会倾向于以“快乐跑步机”的方式生活。我们适应快乐和我们的处境，一旦我们习惯了，就开始从生活中期望得到更多。我把这个称为“重力效应”。当初“让我们生命之船漂浮”的事物，不管是我们喜欢的度假胜地，还是从我们办公室向外看到的海湾景色，都随着时间的推移而被我们渐渐忘却。很多时候，就是这种对期望的提升和对已拥有一切的满意度下降，导致了米克洛斯模型里更大的差距。

相对于其他，我们也降低了对现实的定义。门肯曾经说过：“财富就是你的收入至少要比你的连襟多100美元。”我明白了。在每次参加斯坦福大学商学院校友会之前，我总是要让自己振作起来，因为和那些当过投资银行家和风险投资家，富有、已经提前退休的同学相比，我感到自己是个不成功的人。我知道这些聚会会引起我一些失落感，所以现在我再参加校友会，会提前给自己准备“现状核实”的内容，并更加深入地探究我现在对“财富”的定义。你是如何定义财富的？财富是你的年收入，还是你个人资产表上的数字后面有多少个零？或者，财富是时间、亲情、自由上的富有？

在过去的几年里，你经历过“现实的膨胀”吗？如果你停止向篱笆外面看，将会发生什么呢？“永远不要把你的内在（期望）和其他人的外在（现实）做比较”，我很喜欢这则谚语，因为我们从来不会真正知道邻居或者其他人的境况。我们只能做出一些导致我们感觉不如人的设想。

我相信解析这个方程的秘诀是，要认识到我们并不一定要抑制我们的期望，而是要抑制让我们在事与愿违时感到极度失望的“理所应得”的态度。当我们愿意做出调整来接受事实时，当我们停止对生活应该怎样的妄想时，改变就会发生。在经济走下坡路时，你已经改变自己对收入、退休、未来的教育、职业前景，或者你想住的地方的期望了吗？你能假设这种改变可能是一去不复返的吗？这些期望是否会让你感觉舒服一些？

物理学家史蒂芬·霍金在 21 岁的时候被诊断患了肌萎缩侧索硬化症（ALS），这是一种多年累积的神经性肌肉受损症。这个疾病几乎让他全身瘫痪，但这并没有阻止他在理论物理方面取得令人惊奇的发现，并没有阻止他成为世界上最知名的科学家。作为患了肌萎缩侧索硬化症而存活得最久的人之一，他说道："集中注意力于不会因你的残疾而妨碍你成功的事业，不要为残疾所影响到的事情而懊悔。"

应对失望的方法之一是，在最初试图改变某些事情的结果时保持乐观，然后随着时间的推移，一旦力有不逮就调低期望来振作精神，以对抗潜在的负面结果。荷兰的一项实验证明，作为一种应对机制，只有当一个特定结果很重要的时候，人们才会降低他们的期望。而且越接近那个结果，人们越会降低期望。当我们在等待第二次面试通知，或者第二次约会的电话铃响起的时候，我们都曾这样管理过焦虑。只要我们不把期望降到对老板或异性朋友感到不屑，这就是健康的态度。任何觉得专注于结果就能改变它的人都需要认真地审视现实。

另一种应对机制是稀释现实的重要性。有些时候你必须问自己，这个结果对你来说究竟有多重要。失望有时候只是像被蚊子叮过一样，20 分钟后就可以忘记了。另外，当你在奥运会 100 米蛙泳比赛中因为 0.01 秒的差距而屈居第二名时，就可能像被蜜蜂蜇了一样。你的期望是第一名，现实却是第二名，而且当时你没有时间去降低你的期望。

亚军有那么差吗？你越是朝着一个目标努力，就越是会觉得你理应得到它，但是如果你能修正对结果的看法，就可能从中获得宝贵的价值。这些时候，你的朋友与家人能够帮助你看清你当下的处境和身边发生的事情。

你的现实落空了吗？

1999 年，我们公司在加州美丽的 1 号公路上建了一处奢华的野营地——卡斯塔罗纳。那个占地大约 240 英亩[①]的小区多少有点儿实验性质，小区周围环绕着数千英亩的海岸原始荒野（甚至“奢华的野营”这个有点儿矛盾的词组都体现了这地方的原始风味）。我们花费了近 4 年的时间才正式营业，其间，扫除了一系列的障碍：审批手续的地方政治因素，与加利福尼亚海岸委员会商讨设计方案，因冬季厄尔尼诺创纪录的暴风雨天气而延后交工，以及为这个不平常项目融资的困难。

我对于卡斯塔罗纳项目深有好感。施工期间我在一个有历史意义的灯塔旁边租下一间小屋住了半年。虽然我在鹰级童子军的岁月有过睡地板的丰富经验，但我很快就接受了卡斯塔罗纳“轻松野营”的设计理念。谁会不喜欢这样的点子呢？待在一个像狩猎旅行

① 1 英亩≈4046.86 平方米。

用的小帐篷里，配有加热的床垫、羽绒被、绣有薰衣草小枝的枕头，还有毛茸茸的浴衣，可以穿着走到邻近的浴室，内有加热、光滑的水泥地板和生着火的壁炉。在正式开始营业后几周，《今日美国》就把卡斯塔罗纳项目列为头版新闻，宣称这将是未来新一代的野营方式。媒体和游客开始蜂拥而至，但也只是开始的时候。

不幸的是，由于许多因素，部分是操作性的问题，部分与限制我们为顾客提供服务的严格开发条例相关，部分是因为挑选合作伙伴不当，这一切因素在对开业的过高期望下导致了一开始资金就运转困难。然后旧金山湾区互联网泡沫破裂了，这又使我们失去了所有公司让员工在上班日来静修的生意。接下来我们最大的合作伙伴要求赔本卖掉卡斯塔罗纳，其所得仅仅是我们投入的一小部分。因为我的公司无法买下这些资产，另一个房地产投资商买下了卡斯塔罗纳。我们就这样很快出局了。

要向员工告别真是有点儿令人心痛。我过了好几个月才能重新开始经营。我心里满是失望，部分是因为在这个项目中投入了这么多的心血和汗水，我觉得理应成功。我的朋友和家人知道他们无法改变我方程里的“期望”，便转而试图帮助我重新审视自己的现实感受。帮我建设卡斯塔罗纳的一位朋友寄给我三个不同尺寸的透明玻璃杯子，并附了一张字条，提醒我大部分人会把手中的杯子视为半空，或视为半满，但是我雄心勃勃的乐观却倾向于去问：“为什么我不能有一个更大的杯子呢？”

另一张字条来自曾参与卡斯塔罗纳家庭游的一位朋友。他在字条上面写道："奇普，我知道失去卡斯塔罗纳就像失去了一位家庭成员，但是要知道在湾区许多家庭都很幸运，因为你的远见卓识创造了一个奇妙的地方。永远不要忘记这一点。"这些充满支持的现实让我把原以为卡斯塔罗纳是一个财务和专业上的失败，重新认定为一个创新的实验，后来又转变成一个丰富的家庭传统。随着时间的治愈，我的失望逐渐转换成一种我能孕育、促成并保留下这么一个让人大开眼界的想法的骄傲。这是我宝贵的遗产。

所以，当你还沉浸在失望中，不再能改变期望时，扪心自问你定义的现实是否真的对你有用，也许你应该修改对"现实"的定义去改变这个方程了。

解析这个方程

失望 = 期望 − 现实

问问你自己："我是感到挫折，还是失望？"我知道当我得不到自己想要的东西时，我会在登上失望的大陆前，先在挫折的小岛上再待些时间。从自己是否对结果仍能产生影响的感觉，你就能区别这两种情绪的不同。如果你感到受挫折，那就把这个能量转变为你需要的决心。挫折可以作为带来更好结果的短暂桥梁。那也许意味着在学年论文没能取得好成绩后，加紧准备期末考。别太早坠入失望的心境。但是如果结局已定，你仍感到挫折，那就要把炙热的情绪转换为失望，因为那种情绪很快会消失。如果你正经历失望，那就赶快抚慰自己的伤口，继续前进吧。一定要记住：一个情绪的价值与它要达到的目标有关。挫折推动你前进，失望却使你退却。

等待结果时抑制你的期望。如果说对于失望感的许多研究有一个很清晰的结论，那便是期望和失望是正比的关系：前者越高，后者增长的可能性越大。关键是要弄清楚什么时候去抑制自己的期望。但是不要过早去做，当你冒险创造出自我实现的预言时，即消极地影响自己的表现，会让自己出局，那就真的创造了自己所预期的失望。这主要与放弃自己不能掌控的事情和知道自己何时不再有能力去影响结果有关。

从股市里吸取教训。这些年来，我向许多曾共事的人不断重复这个观点："失望是没有好好管理期望的结果。"如果你要发布令人失望的消息，那就越快越好。股票交易所的上市公司通过艰辛的过程学习到这一点，因为当股票分析师们得不到任何关于季度盈利的利好信息，从而感到失望时，他们会倾向于大幅调低股票价格，好作为意外盈利报告的惩罚。如果你没有对即将来临的失望提出适当的警告，你对你的老板或者配偶的"股票价格"是否也有过类似的打击呢？在管理期望方面要积极主动啊。

问问自己："在我的一生中，这个失望的结局到底有多重要，我又能从中学到什么？"有时，失望像是扔向你的一块巨大、沉重又让人难受的毛毯。记住我们在第 2 章学习的：情绪是瞬时的。你要自己决定要不要调配那杯自己喝的苦酒。亚伯拉罕·林肯一生经历过各种形式的失望打击，其中许多影响了他的生活和事业，但是他从这些经历中吸取经验教训，这些经历又帮助他成为一个优秀的政治家和善于体恤他人的人。

最后我们还能从史蒂芬·霍金关于期望的评论中得到启发。这是他被诊断出患有肌萎缩侧索硬化症时提到的："当我 21 岁时，我的期望值跌为零。因此以后的每一件事对于我都是奖励。"你怎样才能拥有这样的思想转变，让你的杯子不再是半空或者半满呢？能够拥有一个杯子就已经令人高兴了，对不对？

第 5 章　遗憾=失望+责任感

“达洛维夫人说她会亲自去买花。”这是弗吉尼亚·伍尔芙非常受欢迎的小说《达洛维夫人》中最著名的一句开场白。这本小说主要描写了第一次世界大战后，一位担心自己的生活会因战争而变得混乱不堪的社会名流的故事。第一句话表明克拉丽莎·达洛维会亲自挑选并取回用于装饰晚宴的花，这样一来她的仆人们也不用为此操心。但是我们还能从这句话中嗅出潜在的紧张气息。

遗憾是失望的姐姐，她有期望和向往。这是一种更加成熟的情绪，表达对因不幸的个人选择而导致的结果不满。说得极端一点，遗憾就是责任感的放大，我们选择痛苦地沉溺于遗憾，只是因为我们习惯了自责。

弗吉尼亚·伍尔芙的内心世界是极其复杂的，所以她深受精神疾病的折磨（她在自己的大衣口袋里装满石头，然后走入河里自沉，以此结束了自己的生命）。但是伍尔芙对细腻情绪的捕捉能力，使她成为20世纪伟大的小说家之一。

迈克尔·坎宁安凭借着以《达洛维夫人》为主线的小说《时时刻刻》获得了普利策文学奖，同时它也被拍成了电影。这本精彩绝伦的书中有一个特别的句子抓住了遗憾的精髓："只能这样聊以慰藉——在我们活着的生命里，困难重重、期望众多，但总会有些片段时间，原来只存在于幻想中的事物得以实现……虽说如此，我们仍然要珍惜这座城市、这个清晨，对一切的一切给予更多的期望。"

你多久一次希望能得到更多？就像弗吉尼亚·伍尔芙小说中的主人公达洛维夫人一样，尽管已有许多选择，但是她仍然希望能够得到更多。达洛维夫人对于彼得·沃尔什这位谜样人物的到访惊讶不已，他可是几年前被达洛维夫人排除在结婚人选之外的。与此同时，她对闺中密友萨莉·西顿也念念不忘。她选择了理查德·达洛维这位可靠、保守的男人作为自己的丈夫，在那个年代，作为一个富家千金，她必须这样选择。但是，她似乎遗憾做了这样一个选择，遗憾放弃了一种充满激情和冒险的生活。

在《时时刻刻》这部电影里，担任女主角的梅丽尔·斯特里普也曾是电影《苏菲的选择》的女主角。考虑到主角做了令其备受折磨的决定后产生的后果，这部电影还不如被称为"苏菲的遗憾"。罗伯特·弗罗斯特的诗作《未选择的路》中描述了充满岔路的人生，并以这样的一节作为结束语：

也许多少年后在某个地方，
我将轻声叹息把往事回顾。
一片森林里分出两条路，
而我却选择了人迹更少的一条，
从此决定了我一生的道路。

任何一个有责任感的人都会有感到遗憾的时刻，这种感觉可能会很尖锐，可能会苦乐参半，也可能会像一团乌云一样在你脑海里久久不能散去。当你对行动的遗憾多于选择的时候，遗憾就会演变成悔恨。

悔恨=遗憾+愧疚

悔恨可能比遗憾更让人心痛，但是遗憾比失望更深一层，因为如果你当时“可以、应该、可能”选择另一条岔路，你现在就不会有这种难过的情绪了。

“如果当初……”

“如果”和“当初”堪称英语中最伤感的两个词，它们很简洁地归纳出遗憾带来的苦恼。这种情绪会引发一连串反应，但遗憾并不全是负面的。它可以促成我们采取行动去更正错误，并且从中吸取教训使我们将来受益。遗憾不只是因我们的实际行动而产生，它同样可以因我们想要做却没达成的事而产生。遗憾与许多其他情绪的不同之处在于它缺少及时性，它总是来自动作完成后的反省或后知后觉。

我将遗憾称为“发达国家的情绪”，这并不是因为它在发展中国家存在较少（尽管有大量调查显示确实如此），而由于它是现代社会存在大量选择所引起的。我们的选择越多，感到遗憾的可能性就越大。在西方社会，我们倾向于赞美选择很多，却没意识到选择背后的痛苦。苏维埃政府持不同政见者亚历山大·索尔仁尼琴认为“美国是一个选择很多的国家，但不幸的是，这些选择都平淡无奇”。看来选择必须要有意义。

《选择的艺术》①一书的作者席娜·伊格尔曾经做过一个实验，在一家高档超市里设置两个果酱品尝柜台。其中一个柜台有24种口味，而另一个只有6种。那个有24种口味的柜台吸引了60%路过的顾客，而那个口味较少的柜台只吸引了40%的人。但是那些有较多口味选择的顾客只有3%购买了产品，而另一边的柜台则有30%的人会付钱。有多种选择只是个愉快的干扰，过多的选择会导致某种程度的麻痹，在某种情况下甚至是一种压力。你是否也曾因为选择太多而感到压力倍增呢？那你能不能减少要品尝的“果酱”口味来简化自己的选择呢？

---

①《选择的艺术》一书的简体中文版已由中信出版社于2011年4月出版。——编者注

选择果酱看似平常，但事实是任何一种选择都有可能让你感到遗憾，因为那是你自己做的决定，很难把责任推卸掉。举个例子，选择居住和工作的地方在现代社会里是一种乐趣，这种权利在发展中国家就差很多。传统的观点认为，如果成年之后我们不用再住在父母附近，也不用从事一出生就已经安排好的工作，我们的生活就会好很多。选择是自由的，但是做出选择的过程其实是充满挑战的，还没考虑到的精神损耗以后就可能导致遗憾。

典型的美国中产阶级家庭会选择在闹市的繁华区域找一份工作，因为薪水较有吸引力，然而为了住更宽敞的房子和让孩子接受更完善的教育，他们会居住在郊区。心理学家丹尼尔·卡尼曼的研究表明，上下班交通是普通人一天中最不愉快的经历。每天多花 20 分钟在交通上，这对个人幸福感的危害相当于失去工作的痛苦的两成。所以，后悔就隐藏在选择的面纱下。

选择是一把双刃剑，既能祝福，也能诅咒。它会加重你收集信息的负担，增加你因为太多选择而无所适从的可能性，提高你对决定的期望，以及跟本章最相关的，增加你做出“错误的”选择后遗憾与自责的可能性。

遗憾的种种滋味

遗憾到来的形式是多种多样的。了解常见的几种形式可以帮助你应对自己的遗憾，还可能让你更有意识地避免产生更多遗憾的途径。其中一种途径就是我们要保护自己免受损失。面对包含相当大风险的选择时，我们会选择回报较小但较有把握的那个，而不是回报较大但较不确定的那个。达洛维夫人当时在做出婚姻选择的时候一定考虑了这一点。损失对我们的心理影响是所获得的两倍，我们倾向于选择中不溜儿，既不太高，也不太低。

在《选择的悖论》一书中，巴里·施瓦茨概括了两种类型的遗憾："可预期的遗憾"和"做出决定后的遗憾"。我们最常遇到的情况是后一种，即在做出某种决定后感到遗憾。但是可预期的遗憾的情况会更加棘手，因为它产生的影响较久，而且更早开始困扰你。施瓦茨认为"这两种遗憾都会增加做出决定时的情绪风险"。可预期的遗憾会让你难以下决定，而下决定后的遗憾则会让你很难面对之后的境况。

我们大多数人都有 2∶1 的偏爱去规避损失。当你已经有可预期的遗憾而又想摆脱它时，那就变得更加有趣了。拿抛硬币猜字还是图案来说，如果有两种选择，一种是无论怎样都可以稳赚 100 美元，另一种是猜对结果就可以赚取 200 美元，那么大多数人会选择赚那 100 美元，因为遗憾的风险较小。但是如果你选择 100 美元又必须看到底是字还是图案，那就会产生一个完全不同的情绪现象。我们增加了可预期的遗憾所能带来的不确定性，有研究表明，如果是这样的安排，我们很可能会选择放手一搏。

当我们已经做出某种决定后，我们倾向于采取逃避的鸵鸟政策来控制我们的"避免遗憾"（想象一下，如果达洛维夫人知道她的前男友可能在她的余生都会住在与她仅隔一个街区的地方，这很可能会对她做出和达洛维先生结婚的决定有所影响）。这也许可以说明为什么你的旧情人在你选择了和他人结婚之后，就不愿再和你联系。

马克·吐温在心理学方面并没有广泛的涉猎，但是从他的写作来看，他确实在这方面有独到的见解。他写过这样一段话："20 年之后，你可能会因为放弃去做的事而感到遗憾。所以扔掉帆索吧，离开安全的港口，在信风中开始远航。去探索，去梦想，去发现！"

众多的研究表明，时间是这个方程中非常重要的一个变量。研究者们对随机抽取的实验对象提出了这样一个问题："当你回顾你的人生经历时，想到那些让你感到遗憾的事情，有些是你做过却希望当初没有做的，有些是你没做过却希望当初做了的，你对哪个更遗憾？"

调查结果表明，那些遗憾"未能付诸实施的行动"以大约 2∶1 的比例远远多于"令人遗憾的行动"，而且无论男女都一样。更令人惊讶的是，上了年纪的人在遗憾未能付诸的行动方面仅比年轻人多一点点。正如马克·吐温所说，我们最清晰的遗憾就是希望自己没有活得那么胆怯。想想你自己，是不是也因有一两件"未能付诸实施的行动"而想重来一次呢？如果现在去做是不是为时已晚？或者你可以现在开始采取行动，以免这份遗憾继续留在心中？

研究者进一步猜想，那些"令人遗憾的行动"是封闭式的：你做了，遗憾一段时间，然后继续前行。然而，“未能付诸实施的行动”却是开放性的。“如果当初”的阴云不断在你的脑中萦绕，这种想法无法抹除，而且很可能牵扯出更多关于如果当初做了那件事，现在就会变成另一番情景的臆想。所以，就像马克·吐温说的那样，因为我们深受“令人遗憾的行动”所带来的短期刺痛所影响，所以更倾向于不采取行动，却没有考虑到此举带来的长期折磨。及时抓住当下是解决这个问题的一剂良药。

现代人的遗憾

遗憾是一碗情绪大杂烩。你的选择和责任感就是原料。越是能够给予市民自由选择并提供信息的先进文化，人们就越可能因不好的结果而遗憾。这就是为什么 2008 年金融危机导致了如此沉重的遗憾。有那么多人都希望当初能够更聪明一点，做出更好的选择——但是完美的选择基本不存在。

如果你在过去几年中买了房子，就像许多人一样，你可能预期这栋房子会以两位数的速度一路升值。事实正好相反，那些喜悦变成了悲伤。我们人生中所做出的选择可能大多平淡无奇，但是也有一些深植于我们情绪的核心：选择人生伴侣，决定是否生子，选择住在哪里，选择买什么样的房子或是长期租赁。这些决定都有利也有弊，因为它们都是我们人生中不可或缺的一部分。

数以百万计的人在过去这几年的金融危机中失去了他们的房

子。我的挚友汪达在失去了伦敦的一所公寓之后，有一个有教育意义的失而复得的经验。值得庆幸的是，她搬到了加州。虽然那所公寓是她唯一的金融资产，但那已不再是她的主要居所。这与很多因为这次金融危机而变得无家可归的个人与家庭所面对的危机不同。尽管如此，她还是深感遗憾与自惭。如今她希望当初能有意识地吸取这个经验并从中学得教训，而不是让这些遗憾在心中郁积多年。

至于“复得”那部分的故事，就是意识到家才是她的归属。在她失去那栋公寓两三年后，虽然她买不起像原来那样的时尚公寓，但是她已能投资买下旧金山湾上一所小型船屋，这同样带给了她心灵和情绪慰藉。对于这样的结果，她说出了心里的感想：“虽然我现在偶尔还是会感到遗憾，但是却没有了以前的那种失落感。这种失落感渐渐被乡愁取代，同时让我在将来不得不放弃现有住所的时候有一定的心理准备。我认为每一个损失都会换来一剂良药，其对灵魂的诅咒，只有最后到我们死亡的那一刻，才会毫无眷恋和遗憾。”

在一次领导力培训课上，我曾被要求列出我从商生涯中的 5 大遗憾。我的那个清单包罗万象，有早期没有为幸福生活酒店取得更多的发展资金，也有放弃投资现洛杉矶日落大道那栋现已变成一个相当成功的精品酒店的公寓。培训班上的领导者要我们找一下这些遗憾的共同点。我看得出来，我有 4 个遗憾是因为没有去采取行动，而不是因为我犯了错误。在这里提到的每一种情况，我的勇气都告诉我应该去做，但我的理智（还有其他人的世俗观点）选择了与心灵相违背的另一条道路。最后，领导者要我们在另一张纸上写下这些遗憾，同时对每个情况附上一句能够指导今后人生的话。我们点燃了写有这些遗憾的纸，然后将它们通通投进了熊熊燃烧的壁炉里。

你的遗憾可以怎样点燃，好让你在今后的日子里做出更好的决定呢？

解析这个方程

遗憾＝失望＋责任感

检视你的责任感。这个方程十分清晰：失望与遗憾的主要区别就在于你的责任感。但是我发现遗憾的感觉并不都具有逻辑性；我曾经对一件事异常遗憾，其实说它令人失望会更合适。可能是我夸大了我的控制感或责任感，也可能是我更像是个完美主义者，不允许自己犯错。无论如何，如果某种遗憾一直在吞噬你并且让你觉得不对劲，找一位了解内情和有责任感的朋友或同事倾诉一下，寻求一个更加客观的观点，弄清楚你是否过度重视方程里责任感这一部分。

长痛不如短痛。这说起来容易做起来难。但是在你开始决定做与不做某件事之前，我有两个简单的问题要问你：这件事情以后能重复去做吗？如果犯错了，能改正吗？如果不能重复去做，那就要谨慎地说“不”。如果不能改正（万一出错的话），那就要谨慎地说“做”。我大学三年级的时候有机会到斯坦福大学的英国校区学习，那个校区坐落在伦敦郊外的泰晤士河边。我当时担心如果我参加春季班，就会持续到夏天，那样我就无法在暑期实习，毕业之后可能不容易找到一份满意的全职工作。幸运的是，我们学校有一位非常睿智的导师，他这样建议我：“在你的一生中，你可能会有很多份工作，但是你再也不会有机会在大学期间漂洋过海到异国学习或旅游。如果不抓住现在的机会，你将来会遗憾的。”那 5 个月我一边在英国学习，一边和同学们无忧无虑地游玩，这种经历是我学生时代最美好的记忆。所以，将马克·吐温的金句贴在你浴室的镜子上吧！

吃一堑，长一智。遗憾越是深刻，从中学到的智慧就越多。你可以将遗憾固定成生活中增长经验的一种模式。首先，将这些经验当作智慧锦囊，在日后做决定时拿出来使用。其次，如果你能坦然面对，那就与他人分享你的故事。把遗憾的经历和教训传授给他人也可以是一种心灵自愈的经验（某种程度上，这也是我写作本书的初衷）。最后，如果需要改正，那就不要因为状态不好而迟疑。如果你的遗憾与他人对你的选择表示失望有关，那就开诚布公地说出你心中的感受；在有些情况下，这对他们是一种解放，因为你解释了这对你的重要性。遗憾其实是一种暂时性的情绪，它仅仅表明你还没找到这段经历的意义所在。

知足不辱，量力而为。有些人为了拥有最多的选择和做出最佳选择，而在决策过程中备受折磨。有些人心胸比较开阔，觉得不值得花这些时间、金钱自寻烦恼，认为将期望值调低，遗憾就会少一些。《选择的悖论》一书中有一个测试可以帮助你判断哪种模式更能描述你。这有关系吗？在充斥着大量选择的现代社会，其实没有必要追求最多的选择。这只会增加你每一次选择的成本，并且极有可能造成遗憾。所以，要懂得“知足常乐”啊。

当一个人说他此生无憾的时候，你会怎么看待他？可能有4种情况：也许他没有认真思考过人生，说他没有遗憾能让他自己觉得也让旁人看来他有自信；也许他把期望值定得很低；也许他有改变现实的能力，所以从未失望过；也许正如方程所示，他对任何事都没有责任感。

人生充满了选择，也充满了应对遗憾的方法。奥斯卡·王尔德说过：“叹悔经历就是故步自封。”但他也是奉行“对诱惑妥协就是摆脱它们最快方法”的人。

本杰明·富兰克林，这位饱受争议的现代自助运动之父，提出了在面对人生中大量选择的时候，通过谨慎而富有逻辑的方法来处理，能减轻之后的遗憾。他指出我们在某些时刻可能做过这样的事：在一张纸上画两栏，分别写上“正面”和“负面”。他解释道：“然后，考虑了三四天后，我在不同栏下用不同的标记表示在不同的时刻我所想到的，正面或负面的不同动机。最后我将这些概括起来，尽力估算它们的分量；如果有两个想法分别在两边，分量大致相当，我就把它们同时删除。如果一个正面的想法相当于两个负面的想法，我会将三者全部删除。如果两个负面的想法相当于三个正面的想法，我就把五项都删除。以此类推，我最终会找到一个平衡点……我想我能考虑得更周全，也不会轻率地做出决定。事实上，我已经从这类方程中发现了许多好处，可以称之为道德或者谨慎代数。”

几百年前，睿智的人就已经在用方程解决人生难题了。

第6章　$猜忌 = \frac{不信任}{自尊}$　$妒忌 = \frac{傲慢 + 虚荣}{慈悲}$*

还在上幼儿园的时候，莉萨·诺瓦克就被尼尔·阿姆斯特朗1969年的“月球漫步”迷住了。十几岁的时候，她十分仰慕首位加入美国国家航空航天局（NASA）太空计划的年轻女性，因此决定自己去追寻那条路。她毕业于美国海军军官学校，并且拿到了航空航天工程的学位。之后她进入海军飞行员学校，与一位同学结婚，拿到了硕士学位，育有三个孩子，并且带着9个月大的孩子开始了高级飞行员的学习。她真是一位女强人！

随着她在海军中的升迁，莉萨·诺瓦克上尉在30种

---

* 作者认为，jealousy和envy两个词截然不同，jealousy是指对于可能会失去什么感到担心，而envy则与想要拥有别人已有的东西有关。也就是说，jealousy是担心自己要失去什么，而envy则是渴望拥有什么。——编者注

不同飞机上的累计飞行时间超过了1500小时。这位睿智并且有抱负的女性在美国国家航空航天局的宇航员训练中心，为她毕生的梦想花了10年的时间做准备：一次国际空间站之旅。在太空的13天里，莉萨负责操作航天飞机的机械臂。作为世界上少数曾进入太空的女性，返回地球后她成了英雄。尽管她有征服太空的本领，可当她无法控制猜忌这头情绪怪兽时，她的生活崩溃了！

在她进行航天飞机训练期间，莉萨已婚，但同时与一位刚离婚的宇航员同事有染。在她太空之旅结束6个月后，莉萨与丈夫分开，期待着与她的情人开始一段新的生活。但是莉萨所不知的是：她的男朋友已经开始与空军上尉科琳·希普曼约会。

发现情人有另外一个女人后，莉萨妒火中烧，这让她做出了极其危险而又威胁生命的举动。她带上一把刀、一支手枪，戴上黑色乳胶手套，准备好橡胶管和塑料垃圾袋，还穿上了美国国家航空航天局专用的尿不湿，以便从休斯敦开车直奔奥兰多而不用停下来上厕所。她驱车1000多英里[①]去寻找情敌。抵达奥兰多后，莉萨用风衣和黑色假发伪装自己，在机场的停车场找到了科琳·希普曼，用胡椒粉喷她，并试图绑架她。科琳·希普曼逃过一劫。不出一个小时，莉萨就被拘捕了，她这现代版的猜忌故事很快就成了媒体新闻很好的素材。

2500年以前，希腊人中间流传着一个关于美狄亚的故事，讲的

① 1英里≈1609米。

是一位猜忌的妻子因为丈夫贾森有了年轻的情妇而抛弃了自己，她为了报复丈夫而把自己的两个孩子杀死的故事。“妒忌得都绿了”这个说法可以追溯到希腊时期，因为希腊人相信猜忌和妒忌会导致胆汁分泌过量，然后让皮肤蒙上一层绿色的阴影。猜忌和妒忌经常会被弄混，但是这两个词存在着本质上的差别。

猜忌是害怕失去原本属于自己的东西，常在爱恨情仇中出现。妒忌则是见到别人拥有你想有的东西时感到的挫折。爱情中的猜忌通常包含三个主体：你、你的爱人和你的情敌。而妒忌一般只涉及你自己和拥有你想要的东西的那个人。不论是对失去的害怕（猜忌），还是对得到的期待（妒忌），轻度的这种情绪是容易驯服和控制的。但如果猜忌或妒忌这两种情绪上升了，就像莉萨·诺瓦克的案例，就可能导致非常严重的后果。猜忌和妒忌，你通常会有哪种情绪呢？面对这一对令人热血沸腾的情绪，你会如何调和那狂躁呢？首先让我们来研究猜忌。

猜忌就像汽车残骸

假设我在高速公路上开车时看到路边有车相撞，我会减速，部分原因是要小心点，同时也想偷偷瞥一眼汽车残骸及事故受害者。我们对猜忌的着迷与之类似。这就是为什么那些报道名人小道消息的杂志喜欢以猜忌为头版标题，因为只有负面新闻才能大卖。猜忌是大多数人都熟悉的一种复杂的情绪。当猜忌来临时，一连串的愤怒、屈辱、背叛、悲伤等情绪就会接踵而至。猜忌是导致婚姻破裂的首要原因，然而比起其他众所周知的情绪，对它的起源和现状的深入研究却很少。

猜忌的一部分诡计是伪装成爱。对于忠贞爱情和强迫性猜忌的辨别，经常会让很多诗人回味到深更半夜。英国心理学家哈夫洛克·埃利斯强调了这种情绪的矛盾之处："猜忌就是那条打着救爱之名，把爱杀掉的恶龙。"

研究证实了一个奇怪的悖论：大多数人都希望自己的伴侣表现出一点点的猜忌。法国著名作家安德烈·纪德写道："被爱微不足道，偏爱才是我所想要的。"我以前的一位恋人没有丝毫猜忌心。这让我十分困扰，也让我察觉自己猜忌的程度。猜忌也许会让我们去猜想自己伴侣的心理，它（虽然不合理）感觉上像是对伴侣承诺的一个指标。有些人有可能用它来测试自己能否在伴侣身上安全地投入更多的感情，虽然这并非衡量一段关系是否真正安全的最有效的方法。

有趣的是，在猜忌的心理中，男性和女性大脑的反应截然不同。猜忌会激活男性大脑内有大量睾丸素受体的部分，而这种激素与性行为和一些侵犯性冲动行为有关。相比之下，女性被激活的部分主要是去试图了解他人的意图和可信度。这也许就是40%的女性承认她们会为了了解她们与伴侣之间关系的强度而蓄意去挑起伴侣的猜忌心的部分原因吧。虽然这中间存在着不同，但是男性和女性都有一种阴暗的名为"猜忌"的占有心理。

猜忌的主要原因

也许你会注意到这是本书第一次把除法应用到方程当中。当你感到猜忌时，你的内心在想什么呢？在除法中除数的分量很重，它对运算结果有重大的影响。如果你能够解决大多数情绪方程中的除数问题，你在处理情绪的谜题上就会取得突飞猛进的进展。我认为有两个关键因素影响着人们的猜忌心理：你不信任的程度和你的自尊心。下面我将会从代表除数的自尊心开始讨论，因为它在整个方程中起着决定性的作用。

《今日心理》杂志上的一项调查发现，那些在问卷调查中显示出强烈猜忌心的人一般会呈现以下三种个性特征：（1）他们自视不高；（2）他们认为真实自我和理想自我之间有很大的差距；（3）他们重视看得见的成就，比如变得富有、出名、受欢迎，尤其是相貌出众。而那些猜忌心不强的人则有较高的自尊心，自我感觉良好（不会因自己没能变得怎样而觉得不好），也不那么在意成功的光鲜外表。

因此自尊的根底是价值感。你认为这样的你有存在价值吗？自尊并不取决于你在做什么或将要做什么，也不是看你穿什么、住在哪里、你认识谁，或在银行有多少存款。当你的价值感慢慢缺失时，你很容易就会变得猜忌！

猜忌是一种可预期的情绪，有些对自己不满意的人会试着想象最坏的情况来预防损失。人们倾向于想象最坏的情况来舒缓受到的打击，以防万一有不好的事情发生。对一个自尊心不强的人来说，想象伴侣被人诱惑也许是他应付预期的失望的一种方法。不过，这是一种恶性循环，可能真的导致自我实现的预言，让你被赶出家门。

若猜忌仅仅是一个信号，暗示你想偏了，而不是你的伴侣有问题，那该怎么办呢？我知道责怪你的同伴，甚至责怪你伴侣的情人，实在是一件很容易的事情。但是在上演莉萨·诺瓦克的悲剧前，你应该自问："我的自尊感如何？"当我猜忌别人时，经常是因为那个人所散发的奇妙特质在自己身上找不到。猜忌经常被视为一种与保护自己有关的情绪，但反过来也可以把它视为对你的邀请，让你打开心扉去追求多彩的生活，增强自尊心。

猜忌的另一个关键可变因素就是你对于与你伴侣这段关系的信心。你们相配吗？或者你感觉是在和茱莉亚·罗伯茨或者乔治·克鲁尼这样有无数其他浪漫选择对象的人约会吗？对约会对象的选择，不管这个人是比你好还是不如你，都会影响你对这段感情稳定性的感受。如果感觉和对方很相配，你会对维持长久关系更有信心。但是在你做评判时一定要谨慎，因为你的情绪状态可能会使你了解或感觉匹配度时出现偏差。

现在让我们把话题转向等式的被除数，我之所以使用"不信任"而不是"信任"这个词，是因为如果你对你的伴侣（或者大千世界）越不信任，你就越可能猜忌。那么不信任源自哪里呢？有的人天生就对世界充满怀疑。运用到爱情生活中，我把它叫作"皮肤怀疑”，一种在爱情“皮肤游戏”中过于怀疑的保护机制！一项调查显示，那些倾向于神经兮兮或者杞人忧天的人往往很不容易被信任！另外，那些和善的、被信任的、善于合作的、有同情心的人却不那么猜忌。这一点不难理解。你戴的是一副什么样的眼镜？如果你戴的是一副着眼于风险的眼镜，要知道你得花费更多的时间去建立信任，让爱绽放，因此你要确认你的伴侣有耐心。

现在我们撇开你的世界观以及你是不是一个天生容易被信任的人不谈。在你现在的关系背景下（或是回想你的上一段关系），你是否觉得你的伴侣可信赖？回答这个问题似乎有很多要考虑的因素：他是否讲了真话？是否承认对你不忠？在过去的关系中，你的伴侣是否在进展不顺利时选择离开？你可以问问自己这些问题，因为我们的伴侣可以是一面镜子。在治疗学术语中，用自己遭遇的问题来指责他人或者给他人贴标签的行为叫作“投射”。如果你对自己的不安全感担当不起责任，就会对亲密关系造成实际的损害。猜忌心理是一次自省的机会，看清到底是什么促成那么强烈的情绪。那些曾经对别人不忠的人更有可能想象自己被背叛。

综上所述，猜忌可能会比妒忌更让人感到痛苦，因为它是更私人的心理，有时会让你失去已经拥有的东西。对某些人来说，这就意味着赌注会更高。但与其陷入无休止的猜忌中，不如先确定几点：第一，你的自尊心，包括在亲密关系之中和之外的；第二，你信任他人的程度，你下意识的倾向以及是否觉得你的伴侣可靠。你自我感觉良好，对身处的亲密关系感到融洽，认为这个世界上有很多值得信任的事情，对自己的伴侣有很强的信任感，这些都可以帮助你驱散自己痴狂而天生的猜忌心理。意识到这些猜忌心理的组成因素，可以帮助你减弱它的影响。

妒忌：你不愿承认的强烈情绪

我们经常会说："我妒忌你。"词典上对这个词的解释，是指人们"仰慕"某个人，或者渴望在自己的生活中拥有相同的境遇。妒忌并不是小事一桩，否则它不会被列入"七宗罪"。妒忌可以引起人性的贪婪，导致纵容可耻的行为。在莎士比亚著名的悲剧《奥赛罗》中，奥赛罗猜忌（而不是妒忌）妻子苔丝狄蒙娜的感情。在这部剧中，成功演绎妒忌心理的就是那卑鄙的恶棍——奥赛罗虚伪的朋友埃古。猜忌会爆发出来，妒忌则是慢火加热。妒忌通常是我们竭力规避的一种情绪，好像我们从来没有感觉到它的存在一样。

但是你难道没有在下列情景中产生过妒忌心吗？比如：你的一位同事工作时间比你少，也没有你聪明，但是却得到了提升，现在赚的钱比你多；你邻居家的孩子刚被一所常春藤盟校大学录取，但他的学习成绩不如你的女儿；你的弟弟刚结婚，或买了一辆跑车，或取得超级碗大赛的入场券。也许你可以真心地为他们感到高兴，只有那么一点点妒忌的心理。但是你很可能会把这个世界当成一场零和游戏，别人的幸运就是你的不幸。

在这场零和游戏中，最核心的因素就是社会的比较关系，我们会下意识地将自己与身边的楷模相比较，也就是我们常说的“邻里妒忌”。我们也许会把自己与玛莎·斯图尔特或唐纳德·特朗普相比，但是我们更会妒忌身边认识的人。我们会妒忌那些与我们条件相当的人，因为看上去他们所能得到的东西，本应是我们的。

猜忌好像比较被社会接受并认为可以挽回，妒忌心理却不为人所熟知。这是妒忌心理可以虚构一个合理的虚幻世界的部分原因。当我们妒忌别人的所得时，为我们妒忌心理辩解的方法之一是想象他并不值得拥有他的所得。事实上，愤慨是妒忌的副产品。下一次当你对某人感到愤慨或者不满时，反问你自己在这种情绪的背后是否有一丝妒忌，即渴望得到他所拥有的东西。

脑科学研究人员已经发现，不满会随着妒忌出现，而不满之后，又会出现幸灾乐祸这种因他人的不幸经历而得到的快感。妒忌这一来自德语的单词，常常在喜欢看别人摔跟头的文化中出现。它并不仅仅是欧洲人所说的“为他人的好处感到悲伤”（正如圣·托马斯·阿奎那所言）；日本人对此也有一则谚语：“他人的不幸就好比甜美的蜂蜜。”当然，在美国的文化中，电视真人秀是我们幸灾乐祸的来源。我们似乎对他人在大庭广众下发生的不幸感到极为开心。正如猜忌一样，自卑助长了幸灾乐祸，因为它给了那些庆幸他人失败的人一种赎回的虚假感觉。

暂且退一步设想妒忌对于文化或者社会所产生的情绪代价，可以想想那些你周围的人和那些得到更多却对你毫无帮助的人所能带来的最坏情况。有些人用妒忌来激励自己取得更多的成就，但是对大多数人而言，妒忌就好比一项参与性不强的观赏性运动，它造就了松懈、软弱的个性。伯特兰·罗素曾写道：“如果你渴求荣耀，你也许会妒忌拿破仑。但是拿破仑妒忌恺撒，恺撒妒忌亚历山大，而亚历山大，我敢说，也会妒忌神话中的大力神赫拉克勒斯。”妒忌会让世界陷入一个循环，也可以摧毁你的精神。

$$\text{妒忌}=\frac{\text{傲慢}+\text{虚荣}}{\text{慈悲}}$$

适度的妒忌也许会带来改变自己人生的动力。不过我认为但丁可不是这样想的，他在《神曲·炼狱篇》中写到那些易妒忌的人会蒙蔽双眼，因为他们从看到他人的不幸中得到罪恶的愉悦感。正如猜忌，妒忌也是一个除法方程。在一个负面的情绪方程中，被除数所代表的情绪特征和妒忌十分相似，同时这一方程的答案就在除数中。

妒忌和自我觉知有很大的关联。妒忌和自恋（这在以后的章节中会讨论）师承一脉。一位自我觉知膨胀的人会很傲慢（“七宗罪”之一）和虚荣。简·奥斯汀曾经写道：“尽管虚荣和傲慢常被作为近义词使用，但这两个词截然不同。一个人也许傲慢但并不虚荣。傲慢与我们如何看待自己更为相关，而虚荣则与他人怎样看待我们较为相关。”正如猜忌和妒忌，适度的傲慢和虚荣并不具腐蚀性，但是当贪婪掺杂进来的时候，处于被除数位置上的这两种情绪将会点燃妒忌之火。

可以直接反制妒忌的美德是慈悲或者慷慨的精神。当你拥有慷慨的精神时，你会被邻居的好运鼓舞并且非常热心，而非变得消沉。想要让妒忌和慈悲并存几乎是不可能的事情。

试试这样做吧：把某人当作竞争对手。尽管那人并不知道（经常是这种情况），你视他为人生游戏中的竞争对手，在某种程度上，他的好运让你感到会在这场比赛中落败。听起来很熟悉吗？现在设想一下那人获得的荣誉、奖赏、财物收入或者其他礼物，都是你本也可以轻松得到的。你是否有点儿妒忌呢？现在设想你就是那个人。你会高兴成什么样呢？ 想想他的良好感觉又是何种感受呢？大多数能这样换位思考的人会很惊讶自己可以与其竞争对手产生共情。进入那个场景意味着你已经脱离了傲慢和虚荣的禁锢。

人生的许多事情都不是零和游戏，也许你会获得一些附带的好处，比如你的姐姐在工作中得到提升（她会变得较易相处），或者你的朋友在后院建了一个游泳池（这样你的孩子就不必再去公共游泳池）。就我个人而言，我发现当我极度妒忌某人时，注入一些慈悲心将会帮助我淡化不满并让它转化为动力（让自己更努力工作去获得类似的成就）或者转变为认同（走出自私，过一种沉浸在他人好心情中的更加广阔的人生）。

我在工作生涯中花了太多的时间来处理“大卫和歌利亚”的关系中微不足道、反叛的一面。幸福生活酒店集团的主要竞争对手——金普顿（美国最大的精品酒店，而我们则屈居第二）是一家我们经常与之比较，偶尔也在争取优秀经理人和酒店合同方面互相竞争的公司。金普顿的总部离我们只有两个街区的距离，因此我们之间的关系难免会产生些“邻里妒忌”。我们这两家公司都是上榜旧金山湾区和国际最佳雇主名单的竞争者。幸福生活酒店集团一直渴求能够被列入《财富》杂志年度最佳雇主 100 强名单。

三年前，金普顿上榜了，我不得不承认自己（以及许多高层）对此相当妒忌，甚至有些不满。如果我们不去引导这种公司性的妒忌转化为积极力量，在内心里，我知道它将产生腐蚀性作用。于是我首先向金普顿的首席执行官表示祝贺，并且询问他是如何让公司上榜的，以及他从这一成功经历之中得到的最大收获是什么。同样，我也建议我们的首席人力资源执行官向金普顿人力资源部的高层学习一些经验。结果，我们不仅没有接受“损失”和培育整个团队的妒忌感，反而把它当作一次提高自己水平的实践。

解析这些方程

$$\text{猜忌} = \frac{\text{不信任}}{\text{自尊}}$$

$$\text{妒忌} = \frac{\text{傲慢} + \text{虚荣}}{\text{慈悲}}$$

认清你能从猜忌中学到什么。猜忌可以是一位非常有智慧的老师，也能很好地检测你的现实感。谨防用消极偏执的思维来看待你自己或者你的伴侣，因为这样通常意味着你在分析处境时，新的信息无法进入你的视野。去寻找一位了解并尊重你伴侣的客观的朋友，将之作为辨清你的思想是堕落抑或真诚的途径。然后开始思考是因为不信任还是缺乏自尊心而猜忌对方。如果答案是你的伴侣不配得到你的信任，那就是继续前进的时候了。相反，如果这是建立自己的自尊心或者信任感的时机，那就看看下一条建议吧。

在产生怀疑时建立自尊心。增大除数是减少猜忌最便捷的方式，因此问问你自己什么样的行为会让你感觉非常好。对于大多数人来说，建立自尊心的最好方法就是帮助他人，或者集中精力在一项能无尽享受的才能或活动上。对我而言，带着我忠实的狗狗在沙滩上奔跑比其他任何方式都能更快地让我的思维敏捷。当然，写一些充满感激之情的邮件给朋友或者同事会形成一个自我感觉良好的反馈圈子，并让我从收件人的回信中获得更多的自尊心。关键因素是考虑你自信心不足是出现在生活中所有的层面，还是只出现在你的情感方面。

反问自己：妒忌让我学到了什么？要准确地弄清楚是什么让你妒忌别人，因为这能表明你真正在乎的是什么。弄清缘由后，再看看它对你是否真的那么重要。如果是，你又能从他人的成功那里学到哪些适用于自己的经验呢？你认为这些成功是理所应得的，但并未下功夫去实现，这是否说明你是傲慢和虚荣的呢？找到一种衡量自己成长和成功的方式，不是与你的竞争对手相比，而是与你的过去和将来的目标相比。

切勿幸灾乐祸，拥有宽厚的气量。要做到妒忌方程中的慈悲，就要在你竞争对手的好运中找到交感神经的喜悦，即佛教徒所称的“气量”。这并不容易做到，尤其是当你认为愤慨和不满的存在是合理的时候。通常，让自己幸福和拥有一颗仁慈的心就是在赞赏他人成功的甜蜜中找到同样的喜悦。如果你是那个幸运的人，那不就是你想要的喜悦吗？

猜忌是生气，是充满焦虑的担心。妒忌则伪装成愤慨和不满。这两种非常正常的情绪在很多方面是相似的，最终解决这两个方程的最好方法就是问：“我想从我的猜忌或妒忌中得到什么？”如果猜忌是你寻求信任、同情和自我肯定的途径，这是不是有些讽刺呢？同样，如果妒忌是提高你将潜力最大化的渴望和你能够共情、为他人的成功祝福的手段，那又会如何呢？从你的情绪中学习吧。猜忌可以告诉你生活中在乎的是什么，妒忌则可以让你认识你的未来。

第 7 章　焦虑 = 不确定性 × 无力感

作为一个户外探险爱好者和勇敢的旅行家，查尔斯·达尔文在 20 岁出头时就航行于世界各地，研究植物和动物物种。在接近 30 岁时，他的身体逐渐衰弱。当时人们认为他可能患上了热带病、砷中毒、脑力衰竭或神经坏死。现在，精神病学专家相信，达尔文当时很可能遭受了由广场恐惧症以及对密集人群的恐惧引起的严重焦虑症。说来奇怪，肩负着探索人类进化奥秘重任的达尔文实际上却对人类“过敏”。

达尔文在他的旅行日志中将他的病症描述为一种“恐惧感……它伴有心律不齐、不断出虚汗和肌肉抽搐”。当他开始在一个秘密的笔记本上做记录时，就常出现不舒服的心悸和有规律的呕吐。22 年后，那些记录成为他写作《物种起源》的理论依据。在接下来的几十年里，他有时在床上一躺就是几个月，看了 20 多个医生，甚至尝试了如电击这类不寻常的疗法。

讽刺的是，有学者推测，达尔文的开创性工作的完成得益于他生命最后 40 多年的隐居生活。他在自传中写道："我整个人生主要的娱乐和唯一的工作就是科学研究，从事这项工作的愉快让我暂时忘记或者赶走了每日的不适。所以我的余生除了要出版几本书之外，就没有其他目标了。"这是一个备受折磨的灵魂所写的文字，如果是在今天，他可能会像数百万忍受焦虑压力的人一样，寻求通过药物和治疗来减轻痛苦。

艾萨克·牛顿爵士、艾米莉·狄金森、霍华德·休斯、约翰·麦登、凯瑟琳·格雷厄姆、查尔斯·舒尔茨、迈克尔·杰克逊……无数名人都曾有过某种形式的焦虑。那么你呢？或者你认识和所爱的人呢？无论是一般的焦虑症、强迫症、恐慌症，还是社交恐惧症，焦虑通常源于过度关注危险出现的可能性，以及在即将面对的事情前毫无准备。听起来就像是我在办公室里又度过一个未知的日子！

当焦虑来临时，我觉得就像是大学里一个干瘦的小子被迫和一个体形是他两倍的人摔跤一样：呼吸困难，大汗淋漓，心跳加速。在这样的情况下，人们应伸手寻求他人的帮助。但每当焦虑袭来时，我常常不敢向别人承认。焦虑让我觉得自己很渺小、丑陋、无能，这不是一件容易与人分享的事情。

大约 5 个人中就有一个正被焦虑困扰——我绝没想过加入他们的行列。好消息是，不论是通过现代医学方式，还是健康应对机制来化解焦虑，我在这一章节中都会把它们概括出来。当焦虑感袭来时，你不必像上格斗场一般怯懦。

焦虑在这儿，我的思绪在那儿

回想一些令你焦虑的事。经济问题？为人父母？公开演讲？不论是出于什么原因，大多数焦虑感来自你对还未发生的事情或经历的期望。马克·吐温说："我老了，知道会有很多困难，但大多数从未出现。"我们倾向于高估某个察觉到的危险，而低估我们化解危险的能力。焦虑与预期有关。我们对未知事物的畏惧和我们认为无法控制逼近的危险加剧了焦虑感。我们想象着自己会失业、无家可归，孩子会面临危险，或者听众会因我们演说的内容笑话我们并感到厌烦。高中时我做过水球运动员，在大型比赛前 10 分钟我会焦虑得呕吐。教练对此早已习惯，他会到卫生间找我，确保我没事。焦虑是无数忐忑不安的孵化器，其实，还是有方法驯服它的。

首先我们要认识到，当我们憧憬未来、幻想最糟糕的结果时，实质上是在"欢迎"焦虑。极端一点说，死亡——人生旅途的终点——是引起焦虑的最普遍的一个原因。很久以前我学会了一个有效的应对方式，那就是活在当下。当焦虑感加剧时，我就坐下来，专注于脚踏实地的感觉，把手放在腿上，缓慢而规律地通过鼻子呼吸，做一次从腹部到胸腔的深呼吸。只要做 5 分钟这种"当前意识"的练习，我就能将恼人的焦虑感赶走，真是令人吃惊。

这个方程中存在两个变量：你不知道的（不确定性）和你不能控制的（无力感）。通常二者是相互影响的：你越感觉不确定，就会越无力。如果你能改变其中一个变量，将其减小到接近零，就可以明显降低你的焦虑感。一般来说，减少一些焦虑不仅会让你感觉好一点，还会让你更好地面对生活。对某件事情十分确定却感到无力去改变时，我们会感觉痛苦。事实上，你也可能会逆来顺受，不会感到焦虑。同样，你对某件事感觉不确定却充满力量，意味着你对生活中的事件有应对能力，也意味着你的焦虑感会消失。

如果焦虑是你这一周生活电影里的男主角，那么抑郁成为女主角或者女配角的可能性就有六成。我认为抑郁就像是我们日常生活要承担的风险的一个特技替身。焦虑源于我们不知如何处理生活中的突发事件。有时，当我们对生活感到郁闷、失望、悲伤时，在某种程度上我们却是安全的。当你感到郁闷时，你不会期待太多，对冒险也就没有多大兴趣。如果说焦虑源于对不确定性和陌生的恐惧，那么郁闷就如你每次从衣柜中取出的那件旧大衣所散发出的气味和感觉一样确定。尽管它也许不适合你今天扮演的角色，但穿起来却很舒服。当你对生活充满焦虑时，你会心安理得地保持较低的期望值。

你也可以尝试通过摄食进入一个舒适区。当感到焦虑时，很多人会感觉胃部不适，或者有“第二大脑”之称的肠胃出现恶心感。事实上，大部分调节我们情绪的神经递质都是在消化系统中产生的。95%以上的血清素（让人感觉“幸福”的化学物质）产生并存储于肠道中。正因为如此，当今医生们开出了数量惊人的抗焦虑或抗抑郁药物。对于一些人而言，它们确实能够挽救生命，但对于那些成瘾到有恶化症状的人来说，它们会带来一些不良反应。为了暂时缓解焦虑，你可以喝鸡尾酒或吃小甜饼，但咖啡因、酒精和糖只会加剧你的症状。因此，请注意饮食，因为它会对你产生积极或消极的影响。

长痛不如短痛

大多数人无法忍受等待的煎熬。研究表明，如果让人们选择是在未来承受出乎意料的轻微打击，还是现在就承受更大的打击，大多数人会选择就此了结，即使这意味着他们要承受更多的痛楚。当焦虑控制着我们时，我们对痛楚的畏惧比痛楚本身更大。这就是一场长期、残酷的经济衰退会对人们的心理造成众多负面影响的部分原因。我们宁愿只经历一次痛楚就把它解决，然而，经济衰退就像寒冬的感冒一样久久不愈。

焦虑是不确定性和无力感的副产品，那么确定性和力量感会带来什么呢？当一个人对一切都很有把握，并认为自己无所不能时，我们通常会认为这个人是个傲慢的万事通。你能想到谁是这样的人吗？你曾有过这种矫枉过正的行为吗？有些焦虑的人将虚张声势作为一种应对机制。事实上，焦虑暴露了我们的脆弱、我们的卑微和我们愿意承认没有一个现成的解决方案。有一个经常感到焦虑的朋友或家人并非趣事，与一个有些傲慢的人相处同样充满挑战。

焦虑是一种情绪，而非性格缺陷。极度渴望控制自己生活的人往往会受到焦虑症状的重创。高焦虑人群往往会成为高效能、高成绩和强大的个体，他们对自己的生活有很大的掌控力，但在事情出了纰漏时却无能为力。于我而言，焦虑是一个提醒我生活失衡的重大线索，例如，我的思想过分以未来为导向，我对生活的控制欲太强，我觉得自己的能力未受到赏识。焦虑不是一种平衡状态，虽然它不是我们应该追求的对象，但我们可以欢迎它，然后反问自己，我们怎样才能减少不确定性或无力感。

控制的错觉

我承认，我的控制欲很强。就像很多人一样，激发我的控制欲的是想追求卓越的欲望和取得成功时人们的欢呼。很早以前，我就学会想象自己赢得 100 米蛙泳比赛，或在七年级竞选班长时发表一个轰动性的演讲。有时，想象力是我的盟友，它让我相信自己可以控制或影响做事的结果。

但在某些时候，想象力会成为捣乱分子。特别是在前景不明朗且我本人缺乏自信的时候，我可能会被击败，因为我想象自己会完全失控，无法在生活的激流中奋勇前进。事实证明，不是只有我有这种问题。15 年前，焦虑超越了人际关系问题，成为在全美各个学术咨询中心被大学生咨询的头号心理问题。

让我给你讲讲我是如何在与焦虑的较量中重回生活正轨的。2009 年夏天，我的生活乱了阵脚：我的公司岌岌可危，我的感情关系也濒临结束。这时，我被邀请到 2010 年的TED大会上演讲。TED大会（网址为www.ted.com）是聚集世界知名的思想领袖传播伟大理念的聚会。演讲者包括诺贝尔奖和普利策奖获奖者、学者、国家元首、设计师、演艺人员、首席执行官等。每个演讲者有 18 分钟的时间向比尔·盖茨、简·古多尔、阿尔·戈尔和伊莎贝尔·阿连德这类听众，以及世界各地数以万计的在线观众讲述自己的故事。被邀请到这一大会演讲，我觉得荣誉感和紧张感并存，但烦人的焦虑很快就渗透到我的兴奋中。顷刻间，我想到了过去那场水球比赛，以及在卫生间呕吐的场景。

TED曾要求我谈谈幸福的无形资产，以及商界和政界领导人应如何学习衡量和重视人生最有意义的东西。这似乎是一个无情的讽刺，我的任务是登上讲坛，以一个专家的身份，探讨一个那时连我都觉得难以捉摸的主题。尽管我在《巅峰》一书中宣称要以自我实践的方法来经商，但我已经失去那种神奇的感染力。

我陷入了觉得自己无用的思维定式，而能够应对这一挑战的唯一办法就是写下有关我人生经历的演讲词并反复练习。我以为追求完美是缓解焦虑的良药。你也许有过类似的遭遇，认为设定目标会让自己安心。但事实是，追求完美只会放大焦虑。

在接下来的几个月里，我一直痛苦地写着一份以幸福为主题的演讲词。这一次和我正常准备演讲的经历完全不同。我的演讲风格是倾向于即兴发挥和贴近听众，而非机械式和反复演练。于是，越临近TED大会，我就越焦虑。

我的演讲被安排在会议的最后一天（在电影导演詹姆斯·卡梅隆之前）。所以当我抵达会场时，我还有5天痛苦难熬的日子，要在聆听其他演讲者的发言中度过，这使我越发焦虑。在那一周的某个时间，我意识到自己的困扰已成为一件可笑的事。当一艘飞艇掠过我们头顶，在其一侧露出一个大大的红心图案时，一个朋友问我："奇普，在这所有的一切中，爱体现在哪里？"一颗红心是我的公司的标志，因此这一命中注定的时刻提醒了我，过于注重表现形式对我所造成的困扰阻碍了我接受并传达一个更宏大的信息。

就在我发言前的24个小时里，我把焦虑转换成促使自己上台的魔力。当我超越自我与寻求认可，接受了这一能够服务于人、振奋人心的机会时，对于在这么多有影响力的人面前演讲，我之前害怕使自己陷入窘迫的恐惧感消失了。当我的焦虑达到峰值时，我将焦虑转换成了如下陈述：**我是强大的，因为我的演讲能引起共鸣。**这句话，加上一个视自己仅仅为信息载体的积极的心理意象，使我平静了下来。通过告诉自己"这个信息是完美的，所以我不必焦虑"，我释放了恐惧和紧张，进入演讲的心流。我们将在第10章进一步探讨这一点。

这是我人生中最重要的演讲。当我挣脱自己，让我的信息而非我的自我占上风时，我便可以远离我对失败的恐惧所产生的困扰。幸运的是，我所传达的信息的确与观众产生了共鸣，引导观众当中那些 21 世纪的领导者思考应如何衡量和重视他们公司里的无形资产。如果我当时能够更好地净化自己的心灵，不去站在镜子前痛苦地练习，我也许会更尽兴地发挥。

解析这个方程

焦虑 = 不确定性 × 无力感

当焦虑袭来时，制作一张平衡表并列出你知道的和你能影响的内容。首先，消除掉你对不知道的事情的神秘感。焦虑潜藏在黑暗中，所以用手电筒照亮那些干扰你的事情吧。这种情况如你想象的那样不明朗吗？你是否高估了这种神秘感的危险性或者事件的重要性？接下来，探究你自己是否真的没有准备好去面对这种情况。如果确实没有准备好，你可以借助哪些资源让自己感到更有力量呢？列出你的强项、应对技巧，以及可用的资源。有时，最好的方案就是把精力集中在你能掌握的事情上，也许就像呼吸一样简单。恐惧是一种兴奋，只是少了呼吸。试着感受一下你体内的焦虑。先练习控制呼吸，然后影响你的思维。当你在察觉你能日益扩大影响范围方面有了动力时，就会建立起处理生活琐事的自信心。我曾帮助许多焦虑的商界领导者制作一张不确定性和无力感的平衡表。制作方法如下：在一张纸上建一个四栏表，第一栏注明“我知道什么”，第二栏为“我不知道什么”，第三栏写上“我能影响什么”，最后一栏是“我不能控制什么”，然后如实逐项填写。在这个明确表述各因素的过程中，人们常常对他们实际上有多少确定性和影响力感到惊讶。

给自己一个“担忧期”，并在这段时间内尽可能地沉迷于担忧。焦虑可以是独立存在的。像雄鹰寻找猎物一样，它会飞扑下来，用利爪把你带走。试想一下，如果你仅在一天的某些时段坦然面对焦虑是种怎样的情况。比方说，你在上午和下午各给自己 30 分钟的担忧时间（像电影《广播新闻》中霍利·亨特那样，每天花 5 分钟哭泣）。在那段时间里，请把你所有的注意力集中在担忧上。列出所有可能出错的事情，所有从这种焦虑中衍生的附属情绪，以及由此你觉得生活有多么糟糕。然后，一旦过了担忧期（你心里明白几个小时后或明天将有另一个担忧期），就把那些焦虑的想法从大脑中驱逐出去。这就是一些人的治疗方式。我们可以让焦虑的雄鹰在规定的时间盘旋在我们上方。其实，在治疗师的帮助下，我们会发现大部分焦虑只是一种幻想。

想想最极端的结果。焦虑像是多米诺骨牌游戏。“灾难性层叠”（catastrophic cascading）就是当你有一个想法时，让它在多米诺骨牌效应下产生更糟的结果。比方说，你害怕约会对象在周六晚上拒绝你。你把自己带入多米诺骨牌效应，假设那个约会很糟糕，那么接下来会发生什么？你的约会对象把这件事对他的朋友们说了，你在你的社区里被认定为一个失败者。人们会嘲笑你，再也没有人会约你出去，你将孤独终老……一旦创建了这种连锁反应，不妨问问自己："这是最糟糕的情况吗？多米诺骨牌效应中每一个环节发生的概率是多少？"当你意识到焦虑之下出现的最坏结果会是什么时，就会发现这毫无逻辑。同样，往另一个极端，即最好的方面思考。作家玛西·西莫夫建议我们问自己："如果现在发生的一切是为了更大的使命，那又会是什么情况？"也许目前这一切的痛苦和苦难都是为了让你为从没想过的生活做准备。想得伟大一点，有创造性地去想，你所经历的焦虑将带来深刻的信息。我也正是这样将在TED大会演讲受到困扰的感受转化成了比我自身更宏大的意境。

运用"矛盾意向法"作为消除焦虑的手段。维克托·弗兰克尔认为，应对焦虑的一种手段便是远离它。不必过于执着，顺其自然便可。例如，你患有失眠症，而且睡眠不足让你变得很焦虑。"矛盾意向法"会建议，当你在深夜醒来时就起床，别勉强自己继续睡觉。如果你和你的伴侣不和，就订立一条规则，你们不打算在未来数月间发生性关系，看看会发生什么（通常情况下，只减少与性能力相关的焦虑，就能够带来重归于好的可能性）。参照处理睡眠问题和性关系的办法，你就可以解决通常会使情况变得更糟的习惯性焦虑。

即使在顺境中，焦虑也可能成为一种习惯，会把任何东西，甚至一次令人兴奋的约会或中大奖变成一种负担。另一个可以被添加到这个方程的元素，是用"不确定性"和"无力感"相加的总和乘以"后果严重性"。生命中有些事情是值得忧虑的，有些并不值得忧虑，那就放手吧。我最好的建议是专注于你知道的和你可以影响的，也就是你的身体和心灵。减少咖啡因、糖、酒精的摄入，多吃些有营养的食物。运动是应对压力的方式之一，充足的睡眠能让你的身体保持最佳状态。“领导资源”公司的首席执行官凯文·卡什曼说，通常在任何巨大的心理突破前，你都需要一个“暂停”期，让你的身体和潜意识占据你清醒的大脑。当这个世界让你感到迷茫、压力重重时，做个深呼吸，你会奇迹般地发现你的大脑好像从战区转移到了避难所。

恭喜你读到了本书“应对艰难时期”的结尾部分。你可以选择继续依序读下一个章节，但如果其他章节吸引了你，请别犹豫，去研读和探索吧。好吧，阅读所有这些难熬的情绪后，你可能想直奔“幸福”或“喜悦”了。阅读本书就像阅读人生，并不意味着要走直线。

第三部分
从工作中得到最多的回报

真正决定成功、性格、幸福和终身成就的是一套特定的情绪技能，即你的情商，而不仅仅是通过传统的智商测试得出的认知能力。

——丹尼尔·戈尔曼

第 8 章　使命 $=\frac{\text{快乐}}{\text{痛苦}}$

艾格尼斯·博加丘曾两次听到使命的召唤。第一次是在她十几岁时，使命指引她离开了家乡阿尔巴尼亚。自那以后，她就再未见过自己的母亲和姐姐。她一路旅行到爱尔兰，然后到达印度并成为一名修女。第二次是在她快 40 岁时，这决定了她的命运。从印度大吉岭到加尔各答乘火车旅行时，特蕾莎修女（那时她已经以这个称呼闻名）清楚地听到了“使命中的使命”：“我需要离开修道院，要和穷人们住在一起并给予他们帮助。这是天命，如果失败就意味着信仰的破灭。”

特蕾莎修女知道她的第二个使命极其艰难，因为这需要她舍弃自己在修道院 20 年的姐妹情谊，去面对一个痛苦艰难、不确定的生活。她曾写道：“我流落街头，居无定所，没有同伴，没有帮手，没有钱，没有工作，没有希望，没有保证，没有安全。”起初，她为了达成使命，不得不乞讨，不过正因为如此，她经历了贫困，亲身感受了苦难。她说：“论信仰，我是一个天主教修女。论使命，我属于世界。”特蕾莎修女创办的仁爱传教修女会已经有超过5000名修女，在120个国家进行了600项传教工作。

教皇若望·保禄二世曾在她的宣福礼仪式上发问：“特蕾莎修女从哪里找到力量和毅力使自己全身心地服务他人？”当看到一个人在追随一个通常需要跨越很多障碍的使命时，你也可能这样问。

“使命”这个词可能让人望而生畏，因为很多人会把肩负使命与被挑选出来进行某种神圣的事业联系在一起。其实，为了追寻使命，你不必成为一位圣人。朱莉娅·蔡尔德在第二次世界大战时期是一名政府间谍，负责给前线特工传递情报。直到36岁时她才进了厨艺学校，当时她的丈夫向她介绍了巴黎的精致烹饪。蔡尔德描述她得到的烹饪启示是，当她的味蕾醒来时就犹如“灵魂和精神向我敞开了大门”。她开始在巴黎教美国主妇做菜，然后到50多岁时又开始向全世界传播她的烹饪艺术。

你也许被召唤到其他广为人知、至关重要的职业中：屠夫、面包师和网络程序员。诗人纪伯伦曾问道：“谁能让行动和信念、职业和信仰分离？”世界上很多无神论者都能感觉到一种使命感，引导他们做该做的事情，这也使他们对工作有深度的情感联结。我将使命理解成我们和工作联结的三种方式之一——无论工作有无薪水，是自我选择还是形势所迫——一份工作、一个职业生涯，或一种使命。

如果你目前没有为你的使命而活，想一想你认识的某个被自己所做的事情激励的人。你羡慕他踏着轻快的步伐前行并为使命而活吗？问问他是怎样找到这个使命的，你可能会听到一个类似牛顿偶然发现万有引力并将其引入他的命运的故事，犹如某种隐形的指导顾问一直在他左右。亚伯拉罕·马斯洛曾写道："一个人必须回应他的命运，否则便要付出沉重的代价。人必须向它屈服，向它投降，顺应命运的选择。"追逐使命就像用一个崭新的方法在生命中呼吸，它正融入你在这个世界注定要做的事情。

使命不必是宗教性质的，它暗示某人或某事正在召唤你，你应给予回应。我在生活中扮演着父亲、首席执行官或亲密朋友的角色，当我把自己看成比自己更宏大的角色时，我感觉完全被一种使命感俘虏了。这种扮演更宏大角色的感受是使命的一个重要元素。当我们全心全意追随自己的使命时，会意识到自己并不是召唤者，仅仅是回应者。当我们展现出对大师或召唤者那孩童般的尊敬或谦卑时，不论我们是怎样领悟到能量或本质的，我们对自己的使命会有更清晰的认知。

对一些人来说，使命好像有人不断拉扯你的衣袖，如不听从，你就会心烦意乱。我们之中有多少人因躲避命运或无视使命，而庸碌一生？当你听命于使命时，不可思议的事情就会发生。使命会让你充满能量，而毫无意义的工作会使你疲劳空虚。有使命感的生活表明你寻到了内心深处迸发的情绪能量。

使命的苦与乐

亚里士多德对“快乐”的定义十分宽泛，其实，快乐在现代社会的口碑却不太好，通常与短暂的满足感和舒适联系在一起。亚里士多德认为快乐可以是美好的，也可以是罪恶的，他甚至把对我们感官的评级与更高层次的快乐相联结。他相信，只要意识到是什么在驱使得到快乐的决心，快乐就会跟良好的生活状态密切相关。单纯的快乐是稍纵即逝的，投身于实现自我所带来的快乐是真正神圣的。

快乐是一剂麻醉药，是一把双刃剑：它既可以分散注意力，也能够转移对痛苦的注意力。比如兰斯·阿姆斯特朗，他的人生中有两个明显的使命：作为一名职业自行车手和著名抗癌组织的代言人。“如果一件事情伤你那么深，它又怎能令你愉快呢？当身体的压力开始超出你能想象的负荷时，你的思维就遁入了一个崭新、更开阔的心理领域。当你领悟了脑中及精神层面发生的事情时，快乐就会自然出现。你停下自行车，抵达山顶，或者在终点独自走开，那时你已经累得无法思考或站立，但快乐却不会消逝。这就是快乐开始的时候。”兰斯写道，“痛苦是短暂的，而放弃则是永恒的。”

你不必是一个世界级的自行车赛冠军，也能理解快乐和痛苦的矛盾关系。每位经历过分娩之痛的女性都能明白这一点。哲学家迈斯特·埃克哈特说过：“如果你想要抵达核心，就必须先破除外壳。”我们的外壳经常是牵制我们的痛苦，这个虚假的边界阻碍着我们纵情于能够实现使命而获得的全部愉悦。正是疼痛才让我们有破茧而出的感觉，抑或放弃生命中一些不再对我们所追求的更大远景起作用的事或人。

米哈里 · 契克森米哈赖认为，某人实践他的使命就像是处于心流状态中（我们将在第 10 章讲到心流），因此“当我们集中注意力时，通常不会感觉到细微的疼痛”。他还发现，当人们在周末的某段时间里没有投入工作时，他们更容易感到头痛、背痛等身体上的不适。工作可以是一剂麻醉药，让我们感觉不到疼痛。你越是生活在使命中，就越会留在让你离开细微的疼痛的快乐中。你越是生活在使命中，快乐就越能主宰痛苦。

激情和宁静的心灵

80% 的美国人说，即使他们继承了足够使他们不必再工作的遗产，他们仍会继续工作。这并不意味着他们会继续从事目前的工作，只代表他们不想退休和离开职场。纪伯伦写道：“工作就是看得见的爱。”就某种深层次的情绪而言，我们渴望工作是因为它似乎是自我的一种延伸。的确，人生一个普遍的追求就是寻找那种工作。当钱对你来说不成问题时，你还会追求什么？

你和工作融为一体，使命和你融为一体。激情和宁静的心灵，一冷一热两种情绪，最能反映实践使命的人。当硅谷的风险投资家要在一个高科技企业家身上下赌注时，会先考察他的心理。一个有前途的狂热创业者（下一章将会讲到）和一个为自己的商业计划眉飞色舞的人，两者之间有着微妙的分界线。这两类人可能都很优秀，都有高涨的情绪和自信。看一个人是否在实践自己的使命，就要看他对事业的热忱和他内心的宁静感能否保持匹配，而内心的宁静就是他此刻本来的归属。

实践使命的人本质上都是积极的。金钱、名声、头衔或任何身外之物都不是激励他们的因素。无论是奥普拉·温弗瑞还是理查德·布兰森，实践使命的人都已经创造了一段工作经历，或一家公司，作为个人自我价值的延伸。但这并非企业家的专属领地。《美食、祈祷和恋爱》的作者伊丽莎白·吉尔伯特说过，她感觉自己写作的经历几乎是不落尘俗的，仿佛有一个精灵栖居在她的灵魂里，帮助她创作伟大的作品。那些有幸在工作中经历使命的人都有某种信念和心灵的宁静，他们本应如此。

同时面对两项使命

工作并不是你寻找使命的唯一领域。作为一名铁人三项选手、一位政治活动家、一位祖母或一名车库乐队吉他手，你也有可能找到它。我两次在工作的环境中觅得使命。这种冲击令我感到不自在。实际上，当意识到那两项使命此起彼伏时，我感觉像有外遇一样在欺骗自己的配偶。

如果你的使命感在减弱，那你首先会意识到麻醉剂的药效在消退，好像你刚从外科手术室出来，药效就消失了。哎哟！我用了 20 多年的时间沉迷于一件事，即我在 26 岁时找到了我的使命，成为美国酒店界的一个开路先锋，为那些厌倦常规连锁旅馆的人创造独特的精品酒店。

在我 26 岁生日那天，也就是创办公司的一周前，我列出了要在工作中寻找的核心：充分利用我的商业地产背景，以设计为中心的工作环境，服务他人、变革一个行业的机会，以及一个因为创造有影响力的企业文化而与众不同、以员工为中心的工作场所。经历了在混乱的投资银行和地产业的工作之后，我渴望有一份能让我发挥创造力的工作，在那里我和同事的关系不是以对抗性的谈判而是以合作来定义的。

20 多年来，我在成为加州最大的精品酒店公司的创始人和首席执行官的过程中找到了一种深层次的使命感。朋友们和外界人士经常问我："你是怎样做到的？"他们看到我对公司的奉献就是长时间的工作，一直没有薪资报酬，并且有时一天 24 小时都在处理问题，因为酒店生意从不停歇。但这对于我来说，大部分时候并不是上瘾（"工作狂"，我们会在下一章探讨）。驱动我的是一种使命感。创造一个独特的以文化为动力并成为他人榜样的企业所得到的快乐，要比让外界人士摇头的日常工作任务所带来的痛苦更重要。

在我 12 岁时，我告诉父亲长大后自己想成为一名作家。他告诉我作家要么穷困潦倒，要么有精神问题，通常两者兼具。因此我放弃了这个抱负，甚至失去了自己在大学里选修英文或写作课的乐趣。然后，在新千年的第一个十年里，我开始写下作为一名企业家和首席执行官的经验。不到8年的时间里，我写了三本书。我的确喜欢写作，它能够让我退一步思考自己作为一个商业领导者所学到的知识，用这种方式与他人交流，并能够对其生活产生些许影响，这对我是很有意义的。

我喜欢写作的内向性，同时也喜欢讲述书中的原理时的外向性。在将近24年高度关注自己的公司后，我对能够结识来自世界各地的其他商界领导，以及目睹我的经验是如何影响他们及其公司的感到如释重负。不仅如此，我在这一过程中也学到了很多。这有点儿像是精神分裂症患者的生活：写作时独处，然后平均每年举办80场演讲，而且我仍是公司的首席执行官。

2008年8月，快乐除以痛苦的方程就像一张闪卡出现在我的面前。不久之前，我在旧金山巨人球场参加一个朋友的单身聚会，在打棒球时扭伤了脚踝，并且使用了大剂量的抗生素来杀死腿部感染的细菌。休息了几天后，我就拄着拐杖登上了去圣路易斯的航班，在那里我有两场演讲的安排。之后，我在多伦多有一场演讲，然后将在休斯敦有一场为时半天的有140名企业家出席的研讨会。

在圣路易斯的第一场演讲接近尾声时，我突然感到一阵恶心，最后在台上为读者签名时昏倒在椅子上。大家七手八脚地把我放平在地板上，持续约三分钟我都没有任何反应。护理人员赶到，又将我放回到椅子上。我再次昏了过去。他们给我装了心脏监测器并把我放到抢救床上。我的心脏完全停止了跳动。心电图和脑电波呈现出平直状态。当他们将除颤器拿开时，我的心脏又开始缓慢地跳动了。但是在接下来的一个小时里，我的心率每分钟不到 30 次，也就是正常心率的一半。

我在急诊室里被抢救，并且在接下来的一天半里做了 20 多次检测，医务人员仍然查不出我到底是什么毛病。除了我的心率直线下降到零之外，我的生命体征并没有什么问题。我父亲坐飞机到我所在的镇陪我。当我开始感觉不再那么眩晕时，我请求父亲陪我乘飞机去休斯敦，以便我能主持那场早已安排好的研讨会（我其他的演讲都已被取消了）。回来照顾我的家人都认为我疯了，但我把这次研讨会当作了另一种呼吸方式。

在休斯敦，那场为时半天的企业家研讨会非常成功。在那 4 个小时的经历中，我最强烈的感觉是我待在正确的地方。在去机场的路上，父亲对我说："去圣路易斯的路上，我担心你可能会死去，而现在当我离开休斯敦时，我看到的是一个多么想活下来的你。"他看到了我为使命付出的行动，并且告诉我他会尽一切努力来支持我从一名首席执行官的身份转变成一个作家和演讲者。

如果我们足够幸运，会在生活中经历和我们出生的那一天有同样意义的一天：我们认识到自己**为何在那一天**出生。也就是在那一天，父亲和我都窥见了一部分答案。

因为经济崩溃，在两年的时间里我卖掉了公司的大部分股票，并且淡出了首席执行官这个角色。那段时间里，很明显我的第一份事业的麻醉剂已经失效。那些从前给我带来欢乐的工作现在却成了苦恼。假期结束后回家的第一周，我想看看我需要处理多少事情，无法想象一个人怎么可能做到。然而这是因为我的心态不同了，我过去总是能将所有的事情处理完，而且没有任何痛苦。

在从一项使命过渡到另外一项使命时，我将两张照片贴在办公室的墙上，都是我躺在圣路易斯的抢救床上的样子。照片中，护理人员包围着我，我心脏骤停，但奇怪的是，背景是一张马斯洛“需求层次”金字塔的幻灯片。在马斯洛的模型中，我们需要满足最基本的需求层次，才能上升到更高一级的需求，成为我们想成为的人。这种意象每天都在提示我：生命是珍贵的，而在休克后的48小时内，我已经重返舞台去感受实践使命中蕴含的深切快乐了。

解析这个方程

$$\text{使命}=\frac{\text{快乐}}{\text{痛苦}}$$

回想你人生中的一个时刻或经历，你深深的快乐感超过了普通人所能感到的痛苦。是在跑完马拉松时吗？是在生孩子时吗？在写博士论文时？在深夜制作最好的圣诞礼物时？在流浪者收容所当志愿者时？你感到有某种东西在召唤你吗？如果你能想到很多类似这样的经历，但未在当前的工作中有使命感，思考一下这些工作以外的使命有哪些共同点吧。你工作是为了孩子或家人吗？每次这样做都能得到同样的快乐吗？或是一种无法解释的力量一直通过某种方式在指引你？在一天结束的时候，我们都渴望自己的人生或者工作，能够是自我最好状态的延伸。不要担忧你的使命在你的工作之外，很多人都是这样的。关键是要确保在你工作以外的使命中投入充足的时间，而它应该得到相应的重视。你也绝不知道它能将你带往何方。

评价“想做”和“不得不做”方程。泰勒·本–沙哈尔教授的“幸福课”一度是哈佛大学最受欢迎的课程。他的启示之一就是，我们有多幸福在很大程度上取决于生活中想做（快乐）和不得不做（痛苦）的事的比例。在一天中你越是有“不得不做”的事，想象那天要来临时你就会越疲惫。看一下你对当前工作的满意度。你过去是否认为你的工作比现在更有使命感呢？如果是，是否有更多“不得不做”的事逐渐在你的日常工作中出现？请拿出一张纸，画出两栏，左边一栏是“想做”，右边一栏是“不得不做”，然后写下你日常工作的各种事项以及你工作的总体宗旨和目标。你的工作变成了一个大大的“不得不做”的事了吗？你工作中的哪些部分代表着你能够培养和发展的“想做”，以使快乐能多于痛苦？义务并不是一项使命。谨防能让你窒息的对于“不得不做”过强的责任感。

你的工作给予你动力还是耗尽你的精力？当人们问我，他们当前的工作是不是一项使命时，我就问他们这个简单的问题。使命让你精力十足，而一份单纯的工作会使你耗尽精力。当然那是大概而言的，因为有时使命会使你痛苦，而工作会使你感到高兴。但是在一年间，而非一日间，这份工作带给了你什么？很多人会问“我从我的工作中得到了什么”，那还不如问“这个工作会让我变成怎样的一个人”。你必须融入一份工作，而一项使命却能融入你自身。

你感觉到“隐形的手”在指引你吗？作家约瑟夫·坎贝尔建议：当你“追随你的幸福”时，你就踏上了那条早已铺开等待着你的道路。寻找使命的情绪体验就好比投降。对非常固执的人来说，投降听起来像战败。然而当你感到释怀，并相信你已踏上一条有着比你想象中更大使命的路时，你会意识到投降是人们能够追逐的最有勇气和魄力的行为之一。一旦你找到了你的使命，那就像是你接听电话一样简单。你是在回应你的使命。你应该接受那个正向你发出的邀请。不要畏缩。否则，我将会强迫你再读一遍讲“遗憾”的那一章。生活的关键是精密地调好听力和感知，以便像狗能听到尖锐的口哨一样，去敏锐地聆听使命的召唤。

如果使命还未向你重拳出击，不要烦恼。人的使命没那么容易被发现，据我所知，你人生中不会只有一项使命。它需要很多反思、与他人对话、试验、毅力，对了，还有信念（我们将在第18章探讨）。虽然本书的这一部分与你的工作有关，但是很多人却在工作之外发现了他们的使命。尽管局外人可能会认为它们是一样的，但请记住实践你的使命和成为一个工作狂绝对是有区别的。下面让我们来探讨工作狂这一方程。

第9章　工作狂 = 你在逃避什么？/ 你为何而活？

35 岁的内野健一的命运似乎已成定局。他的祖父和父亲都为丰田汽车公司效力终生，而他也将追随他们的脚步。在日本丰田这个城市，因为丰田新的普锐斯型车的迅速发展，健一已经被提升至质量管理检查员一职。同时，他也是质量讨论小组的领导者，并因此在同事中扮演领袖角色。他和同事们在每周的会议上一起讨论如何改进这一很快便风行起来的新的油电混合动力车型。健一有一个三岁的女儿、一个一岁的儿子和一个相爱的妻子。

就如很多其他同事一样，健一倾向于加班。日本能在第二次世界大战毁灭性的破坏后迅速崛起，并在 30 年后就成为一股重要的经济力量，与这个民族的强烈职业道德有很大关联。一个在东京上班的典型日本通勤族可能单程就要花费三个小时。每天早晨，一个穿白色制服的“推手”，将他和其他通勤者推进东京郊区的某列火车中。一天结束后，这些上班族通常会和其他同事喝一杯，再回去工作一两个小时，做完一些琐事，然后踏上回家的漫漫长路。根据健一的记录，他每个月平均加班 80 个小时（他曾经在一个月之内加班 150 个小时）。

2002 年 2 月 9 日，健一再也没有回到家。凌晨 4 点 20 分，当他工作到他日常 14 个小时工作日的第 13 个小时时，因突发心脏病而在办公室倒下了。日本人用“过劳死”一词来专门描述这一现代现象，也就是因为过度工作而死亡。健一的故事并不新奇。在 20 世纪 80 年代，日本公共卫生部门的官员估测全国有 1/10 的劳动者“过劳死”。健一死后更为轰动的事是，他的妻子控告政府和丰田汽车公司，并且因为一条新的法律认定过劳死为突发性死亡的职场事故而胜诉。

我总是会被那些用来描述我们和工作之间关系的文字深深吸引。我们把截止日期叫作“突然死亡日”，把最后期限叫作“突然死亡期”。当我们失业时，我们会说被“终结”了，同时我们也“淹死在债务中”。人们会说他们“拼死”去争取一份工作。有些人要么觉得没有成就感，要么在“等着斧头落下时”说他们在“杀时间”。我以前的一个老板将一周的最后一个工作日周五（Friday）拼成了“油炸日”（Fried-day），反映了当时我们典型的煎熬心情。在心理学术语中，在形容工作量时，我们常用“疯狂”或者“疯狂般的忙”这些自嘲的心理词语。然而从根本上讲，这些都是我们与工作的关系需要改良的征兆。甚至连我们用来描述工作的词语（occupation）也与“占有”同词，听起来真令人压抑。

美国人虽然没有创建审判“过劳死”的法庭，但是和日本人在加班工作这方面不相上下。事实上，美国人每年加班的实际时间超过三个工作周。韩国人也毫不逊色，他们也创造了韩国版的“过劳死”这个词。美国人每年平均要比德国人、法国人和意大利人多工作两个月，后者不相信美国人每年平均仅有两周微不足道的假期。而加班时间并不包括上下班的交通时间、晚上和周末一直在收发电子邮件的时间，以及任何和工作相关的义务性社交活动时间。“工作狂”一词在 1971 年首次出现于美国隐语中，而如今美国人每年的平均工作时间已经比当年超出 200 个小时。那可是每年 5 周的额外工作啊！

承接上一章“使命”的讨论，这一章来探讨“工作狂”似乎很恰当，因为二者常常不易区分。你是一个工作狂，还是边工作边玩闹者？真的，在过去的 20 年里，每当我感觉我完全中了工作的魔咒（或者说在它的枪口下工作）时，我就反复问自己这个问题。这个特别的方程于我而言好似天赐之物，事实上，十多年以前，我就开始用它来提醒自己什么才是生命中重要的事。是的，我有很多很好的借口来解释为什么我还在挑灯夜战，比如截止日期快到了、员工人数不足、开支削减了，或者只是希望超额完成工作，最后，终于过头了。幸运的是，在我生命中有些相当无畏的人，他们正面迎战我的工作狂行为，并支持我的职业过渡，使我现在能写下这些文字。在一天结束的时候，能够区分开工作狂和生活在使命中的人的依据，就是看此人感觉是被囚禁了，还是自由的。

工作狂是上瘾的一种形式

大部分成瘾并不为社会所接受。我们不会纵容那些吸食海洛因的人。性瘾者则与羞耻和秘密相关。许多人偶尔会纵酒，也能同情那些酗酒的人，但是我们并不见得会为说服他们接受治疗负责。工作狂可以具有同样的毁灭性，甚至比其他成瘾更难治疗。毕竟，大多数人都以工作养家糊口。那么治疗方法是什么呢？“治疗”工作狂也许意味着要去加勒比的海滩上度过一个悠长的假期。那些并非工作狂的人读到这里会想：“让我去吧！”然而对于那些工作成瘾的人来说，仅仅想到停下工作，恐怖感就可能油然而生（如果他们允许自己去思考这件事情）。

在美国，我们美化了我们的工作狂之神。爱之如玉也好，恨之入骨也好，唐纳德·特朗普赋予了工作狂魅力。他崇敬他那“每周工作 8 天”的父亲。特朗普承认他每周工作 85 个小时，告诉媒体他每天都是凌晨 1 点睡觉，而清晨 5 点就醒来，这样他每天就比竞争者多三四个小时。他还说他很喜欢美国正在变成一个充满工作狂的国家这一现实。

简单来说，各种成瘾都和我们在逃避什么相关。通常我们之所以会沉醉于那些能够改善我们心情的事物（包括工作），一定程度上是因为我们迫切需要逃脱那些正在吞噬我们的情绪或恐惧。在你剥下任何成瘾症的表层情绪后，会发现一些隐藏的共同情绪，比如自卑、不可爱、羞耻，以及诸如害怕亲密、失败甚至成功等各种恐惧。任何嗜酒者互诫协会的聚会都有一个共同点，那便是无论你是一个摇滚歌星、流浪汉、单身母亲，还是刚考上工商管理硕士，身处房间内的人表达出的情绪都具有普遍性。每个人都处于同一战线，并意识到自己并不是唯一的受害者。

我从斯坦福大学商学院毕业两年后，因为一些纵酒的朋友和亲人，我在嗜酒者朋友与家庭互助协会待过一小段时间，开始认清自己是如何把酒当作社交的润滑剂和应对机制的。在接下来经营公司的 15 年里，直到 40 多岁的时候，我滴酒未沾。事后反省，我意识到我从嗜酒者变成了一个工作狂，而这对一个新入行想要创业成功的企业家来说，似乎完全合乎情理。最终，那些方案帮助我了解并应对我的工作狂行为，我在认识到每个人都会对一些事物成瘾后感到释然。那么，你对什么成瘾呢？

尽管我热爱经营酒店，而它也具备了很多能够使我的“使命”产生意义的特性，但我仍然从早年的很多行为上发现自己在逃避一些事情。繁忙程度成了我衡量自身重要性的标尺。听起来很熟悉吗？问问你自己以下 10 个涉及你和你的工作之间关系的问题吧。

1. 你经常因为工作缠身而忽视了你的家人、朋友、健康和其他一些生命中重要的部分吗？你能暂时放下手机吗？

2. 如果你画一个自尊心和自信心的饼图，其中有多大块是工作造成的，又有多少来自生活的其他方面呢？

3. 在和工作关系以外的人聚会时，你有多少时间谈到了工作呢？

4. 你是否多少是个完美主义者，宁愿自己完成工作，也不想委托他人，因为他人做得不如你？

5. 你擅长为自己卖力工作找借口吗？

6. 你相信金钱、名誉或者职业上得到的尊重能解决你生活中的其他问题吗？

7. 你的自尊心过分依赖他人的意见吗？

8. 你是否会因为脑里想很多事情，或者觉得如果不用睡觉就能多做很多事情而无法入眠？你是否对肾上腺素（许多工作狂就是），或是因完成一项任务甚至挽救局面带来的快感成瘾呢？

9. 你是否更容易从逻辑上去分析情绪而不是去感受？“亲密”这个词是否让你毛骨悚然？

10. 你知道坐着不动 10 分钟什么都不做是什么感觉吗？

最后两个问题让我思绪紊乱。当我还是孩童的时候，我相信自己会因个人成就而被人喜欢。对我来说，集中精力在工作上易，处理那些痛苦的情绪难。如果我在学校过得不愉快，回家后的第一件事就是拿出家庭作业让我转移目标。我的脑子告诉我：“如果你觉得自己是个弱者，那么你在学校里好的表现就能让你变得讨人喜欢。”用工作使自己分心似乎是在认为自己不如人时一个完美负责任的方式，而我们也会因为埋头苦干而出名。

用狂热工作来逃避情绪对男性的影响似乎比女性更大，因为女性更善于表达她们的情绪和讨论关系冲突。男性工作狂似乎总拿工作来逃避家庭互动，期望工作上的成功能妥善解决婚姻上的痛苦，而事实上狂热工作会让妻子和孩子们对其更加怨恨。当然，这一恶性循环更加刺激了这些工作狂投入工作，因为他们可以控制工作。那些一心要取得事业成功的高层管理者不仅逃避了他们的家庭生活，还忽视了妻儿的存在。

第 9 个和第 10 个问题对我而言意义十分深刻，因为在成年后的很多年里，为了摆脱痛苦，很多时候我只是在消磨时间。有一句了不起的男性座右铭就是“多工作方能少感触”。我三四十岁时，一直觉得因为我每天没能完成更多的工作，下班时我带回家的压力就落在我的肩膀上，让我感到脖子僵硬。然后我意识到，繁忙的生活和疯狂的日程使我没有任何多余的时间与空间去寻找创造性及灵感。我紧绷的肩膀关乎的不是能否做更多，而是在意感受得更少。我亲手造就了一种没有感受和情绪、“不见天日”的生活。

亲密（intimacy）这个词曾被描述为“看到我的内心”（in to me see），换句话说，就是让他人能看透我是怎样一个人，而这是我最不希望发生的。在童话故事《绿野仙踪》里，当巫师奥兹设法让女主人公多萝西不再追问王位背后真正的权力时，他大喊：“不要看帘子后面的那个人！”我想我过去一直对一些话题避而不谈。如果你认同我所有的成就，可能就不会注意到成就背后那个瘦小、脆弱的我。

将你的注意力转移到生活中

我那5位自杀的朋友和生意伙伴都并非工作狂，但是他们对工作十分投入，因此当经济衰退的时候，完全迷茫了。可悲的是，我想他们都忘了这个方程的下半部分（除数），即“你为何而活？”的存在。

这一抽象的问题挽救了很多人的生命。静坐下来思考一下这个问题，拿出纸笔，写下那些对你重要的事物，然后停下来再问自己这个问题：你究竟为何而活？给自己答案的时候也不妨深入一点。如果你感到无从回答，这里有几个后续的问题：在你生命结束之前，你会给这个世界留下什么？你最近一次感到生命中真正的喜悦（并非完成某事得到的满足感）是什么时候？还有什么给你带来喜悦？如果你只剩下24个小时可活，你想做些什么或想成为怎样的自己？

现在是进一步辨别工作狂和使命感的适当时机。如果经过沉思，你感觉现今的工作确实是自己存活在这个世界上的部分理由，也许你已经找到使命了。我的一个朋友说过：“正念盒里的野心将以灵感的形式呈现。”也就是说，我们要持有正确的意图。但如果你感觉难以回答以上几个问题，因为你的一切都与工作息息相关，工作占据了你所有的时间，那你可能就是一个工作狂。

正如其他成瘾症，工作狂可以产生一种灵魂出窍的体验或意识的转变。研究表明，沉迷于工作的人的巅峰表现是忘乎所以的状态，伴随着肾上腺素激增与吸食毒品后的相似症状，因此工作狂实际上也可以看成药物滥用。圣·托马斯·阿奎那坚信，对于一些人而言，成瘾是对无限的探索，但成瘾的人却是在错误的地方寻求神性。你是不是本想追寻比你自身更强大的东西，却被迷惑而不知不觉陷入一个误区，认为工作上的完美就能让自己更接近权力？别忘了，即使上帝，也需要在创世的第 7 天休息。

一个普通的日本劳动者每年只用掉不及一半的带薪假期。而当美国人度假的时候，就是真正的休假，逃离俗世，以感官上的快乐分散烦恼和压力，或者以类似换头像的方式变成另外一种人格。你下次度假时用一天时间，从“工作—休息—工作”循环中抽离出来，反思你究竟为什么而活，那将会如何呢？如果你是一个工作狂，可以考虑和伴侣一起来完成，没有必要孤军奋战，尽管我明白你偏爱那样解决问题。你们两个人都可以问自己：“如果我们重新来过，基于我们知道的什么是重要的，我们会怎样重构生活呢？”或者更加简单明了些：“在我们的生命中，还有哪些细微的愉快感受值得我们更多的关注与投入？”

鉴于你当前对这个方程的被除数（你在逃避什么？）的认识，我理解要敞开你的生活去做这种反思确实很难。而让你邀请伴侣一起反思这一深刻问题可能会让你觉得恐惧。但你要意识到能够邀请你的伴侣一起反思已是向亲密、向创造你们关系的价值迈了一大步。除此以外，能够在此时倾听你的伴侣的意见，总比在打离婚官司或者临终时说好。

约翰·亚当斯是美国第一任副总统、第二任总统，以及第一个继承父业当选总统的约翰·昆西·亚当斯的父亲，他的妻子阿比盖尔·亚当斯写到他时说："回想起来，当他还没有掌握国家大权时，我就爱上了他。而在回忆的悲痛中，随着时间的流逝和距离的转移，我多么希望他从未改变。谁能还我时间？谁会补偿我那些无法召回的岁月？为了一个显达的丈夫，我付出了多么大的代价！"这进一步证明工作狂至少自英国殖民时期就成了家庭弊病。你是否和你的工作订下了比你与配偶所订的誓言更加真实的沉默誓约呢？

解析这个方程

$$\text{工作狂} = \frac{\text{你在逃避什么？}}{\text{你为何而活？}}$$

当你意识到你和你的工作的关系失衡时，不妨思考一下哪种工作狂形态最能描绘你。研究表明，有三种不同类型的工作狂：（1）强迫依赖型；（2）完美主义型；（3）追求成功型（第二个和第三个大概最符合我的特征）。**强迫依赖型**的工作狂习惯于制造忙碌却很少关注效率和成效。如果这一类型符合你的情况，考虑寻求心理咨询或者其他反思的方式，看看这种填充你全部注意力的倾向背后潜伏着什么情绪魔鬼。你的行为也许会使你更加紧张，更容易患病和缺乏创造性。**完美主义型**的工作狂控制欲强，依赖规则，并信仰“业精于勤”这一魔咒。但是如果完美的事物根本不存在呢？你会介意放松一点，承认你的标准也许高于实际需要，因此对你自己和旁人产生了消极影响吗？**追求成功型**的工作狂通常相对健康一些，因为他们受到工作困扰的特质视情况而定，但是他们会不断地逞英雄以建立自尊心。你会过度在意他人对你的看法吗？

就像其他成瘾一样，减小方程中的被除数（你在逃避什么？），将使你从习惯性行为的束缚中得到释放。否认你成瘾很简单，因为我们的社会十分鼓励这一情况。很多成瘾者都否认自己成瘾：消瘦、厌食却认为镜子中的自己肥胖的年轻人；睡在拉斯韦加斯一家有跳蚤的旅馆，相信幸运女神即将给他带来成功的赌徒；结束社交活动回到家就着魔似的开始冲洗手上的细菌，直到几乎擦破皮的商界人士……你可能认为你在以上提到的几类人之上，但是在世界上其他人看来，你的行为也是不正常的（你曾经偷偷地把与工作相关的文件塞进行李箱，这样你的配偶就不会知道你度假时还在工作吗？）。退一步讲，你也能意识到你的习惯就像掉进了一个情绪陷阱。这不是对你个人的声讨，但只有当你愿意去看清你脑中那些驱动你的行为的情绪和潜意识信息时，你才能够跳出这个圈子。

请将“机会成本”这一概念运用到这一方程的除数中。既然此处我们谈论的是工作的世界，你可能很熟悉“机会成本”这个词。它指的是当你在某一活动中投入时间或者金钱时，你不能同时将它们投入其他事物。将钱存进银行就有一个机会成本，这就是为什么我们能够从中赚取利息。“你在逃避什么？”这一问题可以帮助你检视当你过分集中精力工作时的机会成本。总体来说，除非把它们分别记录下来并在做决策时有意识地考虑它们，否则看到机会成本并不容易。请列出5件你为之而活的事物，并把它们显示在电脑桌面上（作为屏幕保护或者贴在显示器附近）。当你每次开始新的项目计划时，就会意识到你花在那些项目上的时间会让你和这些生活中更有意义的事情渐行渐远。

探索工作狂互助会。这个免费的“12步计划”旨在帮助那些自认为在强迫性的工作、担忧和各种活动中无力反抗的人。工作狂互助会的网站（www.workaholicsanonymous.org）提供各种有效的资源和在你附近找到一个聚会的指南。这个计划以嗜酒者互诫协会的“12步”和“12常规”为蓝本，但是工作狂互助会的成员可以不受约束地饮酒（只要不是在聚会上）。和他人交流以及谈论你对于工作和各种活动上瘾的共同经历，都将有助于你辨别自己在这方面的感受和情绪。

工作狂不是一种情绪，相反，工作狂常与情绪脱节。毫无疑问的是，运用这个情绪方程去解决有问题的工作关系非常有效。在内野健一的案例中，高度紧张的社交和经济压力可能驱使他痴迷于工作。或者，如果你和我一样，有时为了摆脱自觉一无是处的感受，将认同感过分紧密地和工作挂钩。在我开办的首家旅馆，也就是凤凰旅馆成立初期，朋友们会问我："最近过得如何？"对此，在担心公司可能撑不下去的时候，我仍然会回答："凤凰旅馆经营得很好。"有一天，一个对我的答案感到不满意的朋友摸着我的胸口，轻声说道："奇普，我不是问你生意如何，我是想知道你最近怎么样。"对于很多成瘾者而言，我们的朋友和家人未等我们承认，就能看到我们的困境。敞开心扉听听他们的话吧，这有可能挽救你的一生。

第 10 章　心流 = $\frac{\text{技能}}{\text{挑战}}$

（心流的目标是 1）

想象一下，当你工作时，他人敬畏、欣赏，甚至尊重你会是什么感觉。很少有运动员会像迈克尔·乔丹那样令人狂热地崇拜。这位超级明星在紧要关头能让比赛出现大逆转的实力令我们着迷，他时刻“处于巅峰状态”（这个说法最初指的是棒球明星泰德·威廉斯和温布尔登网球明星亚瑟·阿什）。一旦乔丹在篮球场上表现出巅峰状态，你的视线就离不开他了。

职业运动员因他们超强的竞争力而得到很高的薪酬。但是要像乔丹那样把比赛打得像变魔术一样，仅有决心和好胜心是远远不够的。在心理学中，“内驱力”和“激励”是同义词，是竞争状态下所造成的情绪负荷状态。不管是在运动中，还是在商业中，一个人的内驱力或激励在一定程度上是决定表现好坏的一个关键因素。而一旦激励的程度超越了最理想的程度，多余的内驱力将会使他的表现打折扣。这种理想的表现状态能维持的时间很短，在这段时间内，头脑、身体和情绪系统达到了完美的统一。这是一种超然的状态，是兴奋和乏味之间、放松和焦虑之间的一个最佳状态。

米哈里·契克森米哈赖在《心流》中写道:“心流是一种既集中又放松且意识中不存在任何其他杂质的高度投入的状态。它是一种令人愉悦的自我实现、超凡的状态。”在某种程度上，我们喜欢观看赛场上的运动员们保持全神贯注，或者说充满心流的状态，因为那种感觉就像是我们即将要与神明对话。

畅销书作家安·拉莫特在《一只鸟接着一只鸟》一书中写到了与写作通灵的感觉。她写道:“全神贯注于我们自身之外的事情是我们理性思考的一剂强有力的解药。很多时候，当我创作时，我便会想如果他人能够体会我现在的感受，他们会把我烧死，因为我感觉如此自在、充实和极度愉悦。”然而，她还警示道:“若你想加入这一行列，你需要自律、信任和勇气。因为要成为一名充满觉悟的作家，基本上就意味着你要反问自己‘我想要活得多么真实’，因此你必须冒险将你的真情实感投入工作。”

在迈克尔·乔丹的职业生涯中，是什么为他创造了条件，使他如此完美地利用自身技术去面对成为世界级运动员的挑战？在某个层面上，他展示出了一种随和的庄严，但是在这种轻松态度的背后，有个迫切想要向全世界同时也向自己证明的人。他追忆到在北卡罗来纳州威明顿市上高中二年级的时候，他没能进入男篮校队。这位两次奥运会金牌得主和十次美国职业篮球联赛得分王说："没能进入校队让我很难为情，他们贴出了球员名单，而很长一段时间，我的名字却不在上面……每次我去训练，觉得累了想要停下来的时候，我就会闭上眼睛，回想那张被贴在更衣室里没有我名字的名单，然后通常我就会再次拾起动力。"

虽然我从来没有迈克尔·乔丹那样的天赋，但是我却有和他相似的经历。小时候，我常在家后面的小巷里练习篮球。我一次可以练上几个小时投篮，但只要有邻居家的孩子也来打球，我就会抱着球回家，因为我太害羞了。七年级时，我被选为学校冠军篮球队的首发球员，这让所有知名度较高的年轻运动员感到惊讶。但到了八年级的时候，和迈克尔·乔丹一样，当我去校队名单上寻找我的名字时，发现自己并没有上榜。那对于我来说简直是晴天霹雳，以致一放学我便冲进母亲来接我回家的车里，我在她怀里狠狠地哭了一场。那天晚上，我下定决心为了不再失去那些对我而言非常重要的东西要更加努力。不管是作为运动员、商人、作家，还是演讲者，或其他我生活中涉及的领域，我都要用余下的全部人生来磨炼我的技能。

2010年8月，米哈里·契克森米哈赖邀请我去他在蒙大拿州的避暑屋待上几天，一起讨论"处于心流状态"的真正含义。在没有手机和互联网，且附近有个有治疗作用的天然温泉的情况下，我明显感觉自己来到了一个连走在乡村小路上都可以感受到大脑内啡肽升高的地方。

在那次行程中，我学到的最深刻的一点就是，进入心流状态与失去自我意识有关。这不是说你得迷失自我，当然更不是指你昏迷不醒，只是意味着，有那么一刻，你意识不到自己的存在。平时我们是在对自己的意识、脑子里想什么，以及身体感觉如何都极度清醒的状态中生活的。你肯定和我有同样的感悟。但是当我们处于心流状态时，我们暂时切断了自己与这些感受的联系，让我们去拓宽“我们是谁”和“我们能做什么”的观念。讽刺的是，如果我们不再画地为牢，我们有可能达到迈克尔·乔丹的层次，但是那同样需要苦练。

技能与挑战的最佳组合

我对心流的定义将与你们的工作、生活有关。盖洛普咨询公司研究发现，15%~20%的成年人几乎每天在日常生活中都有心流体验，同样比例的人却似乎从未体验过这种令人愉悦的感觉。剩余60%~70%的人偶尔有过心流的体验，也许是每周、每月或每几年一次。能让我们体验到心流的地方之一就是在工作中。在工作中达到心流状态意味着你将所有情绪投入到某项能够使你达到巅峰表现的活动。

看看下面这两幅图，技能水平和挑战水平分别被置于横坐标和纵坐标上。第一幅图展示了心流通道，45 度角的矢量线表示某个人感觉他的技能和挑战达到平衡时的状态。第二幅图表示当一个人失去这种平衡时表现出的各种情绪。做一件对于你的技能水平来说相对容易的事，你很可能会感到无聊或者松懈。而做超越你现有技能的事时，你可能会处于担忧或焦虑中。

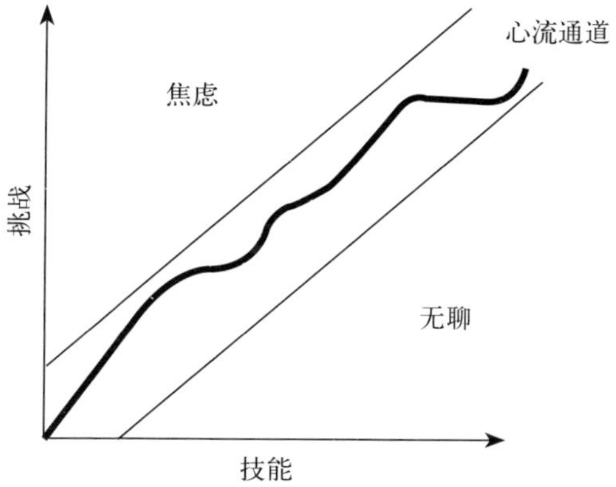

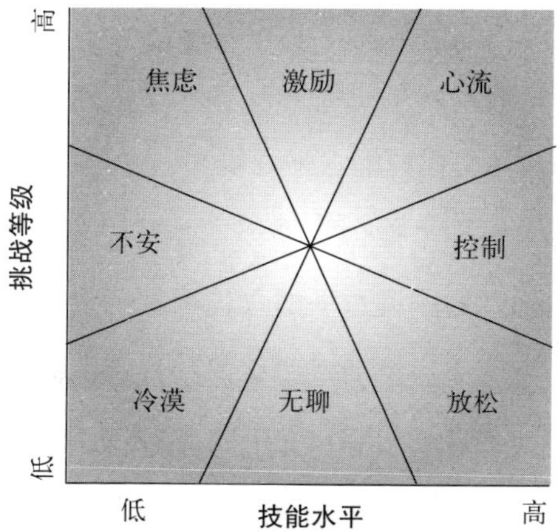

米哈里告诉我，实现心流状态有三个必要条件：

1. 参加有组织、有方向和有明确目标的活动。这就是游戏和运动能实现心流状态，而看电视却不行的原因。

2. 保持你所感知到的挑战和你所感知到的技能之间的平衡，才能想象你有能力应对挑战。

3. 能够即时收到对你表现的反馈可以让你调整你的表现或切换你的挑战水平，以使你保持巅峰状态。许多工作场所在这方面做得很糟糕，因为很少提供帮助你看清自己的客观反馈。这也是视频游戏吸引人的部分原因，因为它们的反馈是即时的。

处于心流状态的人运用的是“元认知”。也就是说，他们对自己的学习行为和表现很清楚，因此能使自己处于图中右上方的状态。心流状态的“最佳点”是挑战水平高于技能5%~10%的位置，因此当你从初步学习到完全掌握时，你逐渐将你的挑战水平从初级提升到世界一流。简单地说，这个技能除以挑战的心流方程应该偏向于数字1，更精确的方程是使你恰好保持在1以下，因为这意味着你在不断地做挑战超出你技能水平的事。

在工作场所，有时你可能会觉得你像是被很多个像迈克尔·乔丹一样能够轻松达到世界一流水平的人包围着。事实上，任何进入到心流状态的人都自然而然推动了“焦虑和兴奋”而不是“控制和放松”的界线。想一想你曾冲破障碍的工作或生活中的其他方面。是什么激发你进入那个空间？在你达到心流时，真正开始感到进入一个上升的状态和意识之前，是哪些情绪的交汇在起作用？如果作为一个成年人，这很难想象，那就想一下你小时候的经历。在努力成为一名心流驱动的水球运动员的过程中，每当我挑战极限时，都有一定程度的恐惧和自觉意识。在某一瞬间，我的兴奋程度开始减弱，同时我感到不再需要对自己那么苛刻的一阵宽慰。然后，我感到处于心流状态。

精通

眨一下左眼，再眨一下右眼，然后双眼一起眨三次。现在你成了一个眨眼大师。在学习眨左眼、眨右眼、两眼同时眨的过程中，你需要熟练地听从指令并控制你的思想和身体（喝了几杯酒之后再尝试一次，你会发现这其实不容易）。或者加大难度，在每次眨眼后，按字母顺序讲出美国 50 个州的名字。你能不犯错误地做到吗？也许不能，但是如果做足够多的练习，我打赌你可以在几天之内成为这方面的专家。坦白说，没有人会在意而且你也不会因此上《今夜秀》节目，但是你会学到一些关于学习的知识。

对于许多人来说，天才的领域似乎是只有某些人能加入的高级俱乐部。但是精通的技巧并不专属于那些超天才或有良好基因的人。不幸的是，在我们的快餐文化中，我们希望眨眼间就成为某领域的专家，我们失去了耐性，最终半途而废。如果你坚持学习一项技能，经过一段时间，你开始看到一些进步，直到你到达一个高度。这时，即使投入更多的精力，你的技能水平也只能保持平稳。随着时间的推移，你突然发现自己的技能已提升到另一个层次。这就是精通的发展过程，它不是平滑地直线上升，而是间断性爆发。

毫无疑问，有些技能对你比他人更适合，知道你的优势会帮助你更容易找到心流地带。但是如果你想要更上一层楼，那请记住：天赋没有练习重要。心理学家K·安德斯·埃里克森在柏林音乐学院进行了一项有里程碑意义的研究。他将学校的小提琴手分为三组：明星学生、优秀学生和一般水平的学生。三组学生都在约5岁时开始学习小提琴，每周练习几小时，但是到了8岁时，那些明星学生比其他人花了更多的时间进行练习；到了20岁时，明星学生已经练习了约一万个小时，那些优秀的学生较之少练习了20%的时间，而那些仅是一般水平的学生，只花了明星学生一半的时间。在这项20世纪90年代早期进行的研究之后，这个标准被运用到许多领域，作为衡量一个人是不是专家的准则。这个公式是：**精通＝一万个小时的练习**。

你可能会想："天啊，一万个小时？那可是一周20个小时，要持续10年！"这就对了，一个人精通某事需要花许多年的时间。就工作而言，它可以来得更快，因为你把许多时间用于专心工作。但现实是，即使你想成为专家，也不可能每周花费整整20个小时在某项任务上，因为它只是你众多事务中的一件。为了达到世界一流水平并提升你的技能以迎接更大的挑战，你需要将注意力集中在练习而不是结果上。如果你正在做的事让你精力十足，并且有一种心流驱动的感觉，我敢保证你不会注意你在这件事上投入的时间。

寻找工作中的护身符

如果在我十几岁非常内向时，有人说我在成年后会成为职业演说家，我是不会相信的。我活在自己创造的世界里，但是当我在高中将注意力放在建立关系上时，我在别人面前变得自然了许多。当我的一位老师将我带到一个演讲训练俱乐部时，我见到了许多面临同样挑战、需要在观众面前表达自己的成年人。我开始参加学生会，有时得发表演讲，十二年级时，我被选为学生会主席，每周在全校学生面前演讲一次。

我认为到了大学和研究生阶段，因为需要经常在全班同学面前演说和辩论，我才发现了自己真正的声音。后来我发现我的技巧是学习如何清晰地表达自己的情绪和想法，将其引入当前的讨论主题，并借此自然得体地把自己和在场的人联结在一起。

在我成为幸福生活酒店集团的首席执行官大约 10 年后，我的演讲事业开始真正腾飞。当时，我正在酝酿撰写一本关于企业家的书，针对阐述我的思维的书稿结构而寻求指导。《快公司》杂志的联合创办人艾伦 · 韦伯建议我："如果你准备写一本书，那就以演讲这个话题开始，因为最好的老师正是最好的学习者，而学习一门课程的最快方式就是感觉到自己有在观众面前教学的责任。"因此，20 世纪 90 年代末，我让自己每月至少进行三四次演讲，不是在公司和我的舒适区，而是在本地的扶轮社[1]和老年人中心。我并不抢眼，但是我逐渐找到了自己的节奏。有时我感到我似乎在传递一个比自身还要宏大的信息，就这样我感受到了心流。

如今，我和当代一些最有天赋的沟通大师并肩，在全世界每年进行 80~100 次演讲。对我的演讲生涯来说，我想我还没有超越那一万个小时的规则，但是我能直觉地读懂观众，现场为他们量身定制我的主题，我所说的正是他们需要听的。我还知道，如果我拖得太久，长年累月地给不同观众同样的演讲，我会落入这一章前面提过的心流图中的“无聊”部分。因此我对自己和观众的一部分责任就是在演讲时冒些风险，也许是穿着拳击短裤演讲以缓和现场气氛，也许是不以泪流满面的方式谈论自杀之类的敏感话题，也许是讲一个我完全陌生的话题。我越挑战自己，就越能提升自己。

解析这个方程

$$\left[\ \text{心流} = \frac{\text{技能}}{\text{挑战}}\ \right]$$

计算你工作中不同元素的心流。让我们用这个方程来验证在

[1] 扶轮社（Rotary Club），是依循国际扶轮的规章所成立的地区性社会团体，以增进职业交流及提供社会服务为宗旨，其特色是每个扶轮社的成员需做不同的职业，并且在固定的时间及地点每周召开一次例行聚会。——编者注

支配你工作时间的众多元素中，你能否产生心流。回顾一下你的日常工作。例如，假设你在人力资源部工作，你组织大家开周会，讨论关于公司员工薪酬的问题。同时，在人力资源大会上，你是代表公司讲述如何建立公司企业文化的公众人物。首先，我们回顾一下前面讲到的心流图，找出你那两项活动所处的位置，如果你有足够的经验来处理相关事宜并觉得你能熟练操作整个流程，那就在那个左边代表初学者、右边是世界级专家的技能横轴上标出一个相应的点。现在，我们来看一下与这两项活动有关的挑战等级。你的员工薪酬工作小组能够团结一致取得一番成就吗？团队越团结，就越能承担责任进而取得成就。机会越大，在纵轴上标的点就越高。你的公司是否引人注目，由此你成为公众人物就意味着你在整场会议中必须掌控全局？根据所标的点，你可以看到在这些活动中你处于8个情绪区的哪个位置。它们给你的感觉是准确的吗？

审阅心流表。米哈里证明心流经验会伴随8个因素，前面3个因素促进心流，后面5个因素是心流进行的体验指标。这其中有几个是你工作成分的特征？

1. 对成功有明确的目标。
2. 直接快速的反馈，以便快速调整。
3. 技能与挑战的不断平衡。
4. 高度集中精力和专注于某项活动直至完工的能力。
5. 行动与意识相结合时丧失自我意识的感觉。这意味着你可能会忽略身体的需求。

6. 工作时经常忘了时间。

7. 控制全局或活动的感觉。

8. 得到自己期待的回报，行动起来毫不费力。

要想取得成就，需要坦然应对改变。乔治·伦纳德的小册子《如何把事情做到最好》（*Mastery: The Keys to Success and Long-Term Fulfillment*）是这个主题的传奇作品。他指出人生旅途中取得成就的最大挑战是不愿改变。以下是他提出的做出改变的5条建议。（1）要意识到动态平衡的操作方式。动态平衡就好像室内恒温器，它或开或关，创造一个稳定舒适的环境，让你不必忧心。动态平衡是变化和精进的敌人。（2）愿意与阻力协调并改变。即使前进两步，后退一步，也算正确。在朝登峰造极努力的过程中，会有危险信号告诉你已经或即将越界。把挫折也当作一个积极信号，以便你调整方向，继续前进。（3）发展一个支持系统，公司员工与经理在公司外开会时经常能取得许多进展，可惜一回到公司，就又回到了每日孤军作战的状态。组建一个专门应对改变的团队并不断督促每一个人。公司外部的教练、朋友、家人或管理者，那些知道你想要改变的人会帮助你。（4）遵循常规，干一行爱一行，你甚至意识不到你已积累了成为世界级专家所需的一万个小时。（5）活到老学到老，精通不是终点，而是一种生活方式，同时也要意识到你一生所精通的是什么。现今美国男青年到21岁时在玩网游和看视频上已经平均用掉一万个小时，这项成就并不见得有多少益处。

愿原力与你同在。13 世纪，日本的道元禅师指出当天与人的身心一体时，感官会交融，自我会敞开，生命会展示丰富的内涵和欢乐，成为天与人的一种共同感觉。心流的状态将你的天赋和灵感与这个世界的需求契合。就像第 8 章“使命”中的方程，你会发现你独一无二的追求以及你在这个地球上存在的深远意义。因为心流，你接触到了那些无法解释的力量，不论是缪斯、神怪、天使、救世主还是某种能量，它们让你拥有与太阳马戏团的专业表演者一样行走在钢丝上的技能与挑战。

贝多芬在严厉的父亲的照顾下长大。有时贝多芬的父亲晚上在朋友家喝醉回家后，会把睡梦中的儿子叫醒，让他一直弹钢琴到天亮。贝多芬 16 岁的时候被莫扎特发现，莫扎特预言贝多芬会成为震惊世界的天才。但是 20 多岁时贝多芬的听力开始退化，到 30 岁出头时已经完全聋了，甚至想自杀。在接下来的几十年中，尽管面对一系列的不幸，贝多芬依然运用他多情的天赋从事音乐创作，不是因为责任和父亲，而是因为他对音乐的热爱。在 50 岁时，他完成了对心流感觉的最后的音乐贡献——《欢乐颂》。记住：你生命中的任何时刻都会有心流出现。

第 11 章　好奇心=惊奇+敬畏

我出生在加州奥兰治县，那里离迪士尼乐园的魔法王国只有 5 英里，因此深受其影响。我早年的记忆就是在乐园内的主街漫步，与米老鼠不期而遇，在驰车天地（Autopia）自驾车时的激动和在马特峰（Matterhorn）飞车时的惊吓。我 5 岁的时候，有人问我长大以后想要成为什么。我的回答不是“什么”，而是“人”，我想成为沃尔特 · 迪士尼。我大部分的童年时光都在画那些天马行空的游乐园草图，最终它们成了我精品酒店的蓝图。

快 50 岁时，沃尔特 · 迪士尼开始构想建造迪士尼乐园，他已是一个成功的制片人、导演和娱乐界的创新者。为了追随他的使命，他夜以继日，花费了 5 年时间，打造出世界上最具标志性的游乐园。迪士尼乐园终于开业，观察家震惊了。他们表示这好像是一个拥有 50 岁人的智慧和城市规划能力的 10 岁孩童所建设起来的世界上“最幸福的地方”。

对于很多人来说，沃尔特·迪士尼非常了不起，而他自己却说我们所有人都可以像他一样。他说：“在某种程度上，我相信只要一个人懂得实现梦想的秘诀，就可以跨越任何高度。我将这个秘诀总结为‘4C’：好奇心（curiosity）、自信心（confidence）、勇气（courage）和恒心（constancy）。”迪士尼坚信他在几次重大的事业失意后能够重整旗鼓的动力、毅力和能力，正是源于这个“4C”秘诀的第一个——好奇心。阿尔伯特·爱因斯坦也一直将其成就归功于这一情绪，他曾写道：“我既不是极其聪明的人，也没什么禀赋，不过是非常喜欢追根究底。”

比起好奇心，创造力似乎赢得了更多的注意力，因为创造力可以被看得见和可操作的东西衡量。好奇心通常是没有预设目标的行为，它是大脑的养分。但是也有大量证据显示，好奇心好似血管内的血液，是一种让我们永葆青春、不可或缺、积极向上的情绪。另外，好奇心也是能让你逃脱不安和沮丧的安全出口。一旦陷入这两者之中的任何一种情绪，你都可能出现悲观、狭隘、兴趣减弱的症状。好奇心意味着打开心扉，乐于去学习、去爱、去犯错和去生活。心理学家托德·卡什丹将好奇心比作“成长的引擎”。

温馨提示：好奇心需要你承认一点，知之为知之，不知为不知。这可能诱发焦虑（我们都已习惯性要获取正确答案），从而成为你萌发好奇心的有力跳板。提问“你是怎么做到的”或者“我不太明白，可以演示一下吗”意味着我们不再执着于有正确答案或刻意证明自己的能力。好奇心能让我们拥有孩童一般的开放思维，没有先入之见，甚至能够延缓衰老。正如美国棒球界传奇人物萨切尔·佩奇所说的：“如果你不知道自己的岁数，你会是几岁呢？”

我在市中心的一所高中读书时，有些朋友亲昵地称我为“好奇的白人男孩”。我就读的长滩理工高中以“学者和冠军的摇篮”之称而著名。我一度沉迷于它复杂多样的文化。那时候我并没意识到那个封号是种赞美。然而我们都有选择的空间，我们可以不再发问，以免真相动摇我们的信仰、偏见或者现状，我们可以用好奇的心态和思维去应对重大的问题。

好奇心激发创造力

索尼的创始人盛田昭夫说：“好奇心是创造力的关键。”尤其是在全球经济的大背景下，我认为好奇心已超越了创造力，成为 21 世纪商业人士必备的特质。商界中一个最受信赖的公理就是，一个优秀的管理者会寻找到答案，但一个伟大的领导者会发现问题。在这个日新月异的时代，这一点显得特别真实。实践表明，好奇心是恢复力的重要组成部分。在当前全球经济大面积衰退的不利环境中，它是更为重要的特征。恢复力强的人并非钢铁之躯，他们只是给了自己更多的选择，而那些选择都来自好奇之心。

好奇心也许会害死过猫，但却帮助最著名的管理学大师和作家彼得·德鲁克活到95岁高龄。每当有人称他为“专家”时，他都感到被冒犯了。终其一生，他都自认是个“学生”或“旁观者”。事实上，他的回忆录就以《旁观者》为书名。他相信，人们注定要“存在于不止一个世界”，有时保持清醒的头脑，有时跨学科整合思想，有时当一种生活出现偏差时，求助于另一种生活方式来平衡。

德鲁克自创了“知识工作者”一词，来定义一个世代前开始的新信息时代中商业所扮演的角色。他写道：“过去的领导者懂得去吩咐，未来的领导者要懂得去提问。”他发扬了这样一种观点：不断学习和进步是公司基础构架必备的组成部分，是在一家公司里大放异彩的人该有的积极心态。对于德鲁克自己而言，他每三年都会去学习一个新的课题，内容从传统的日本艺术到深奥的经济学知识……每逢闲暇时间，他更是疯狂地学习新知识，然后转授他人。

社会心理学家卡罗尔·德韦克进行了一项里程碑式的研究，表明成功背后心态要比其他任何因素更具有决定性作用。有的人将他们的成功归因于天赋才能，有的人则相信成功源于不断学习。德韦克形容前者是“定势”的心态，后者则是“发展”的心态。

只有当你必须应对失败时，你才可能察觉到自己的心态。有定势思维的人害怕失败，认为失败会反映他们的无能，因此通常不愿冒险去求知或担当风险。持发展心态的人视失败为进步的阶梯。德韦克发现，我们鼓励孩子的方式与他们将拥有多少好奇心和求知欲有极大关联（请多说“萨莉，做得很好！我知道你下了很多功夫”，而非“萨莉，你太棒了！你真聪明！”）。

把失败看成积极成长的经历，你在多大程度上接纳这一观点呢？你的孩子通常重视表现能力（证明自己）而不是提升它（发展自己）吗？你是会赞美孩子自身的能力，还是会帮助他们察觉到因辛勤工作和自我提升带来的增值呢？

一半孩童，一半圣贤

好奇心是一种怀有求知欲的情绪。好奇心有一部分是如孩童般天真的好奇（比如《迪士尼奇妙世界》），它鼓励我们探寻自身和未知世界的关系，其中很多是相对简单的。爱因斯坦认为好奇心有更深层的意义，他说："重要的是不要停止发问。好奇心自有它存在的价值。当一个人凝思永恒、生命、不可思议的真实结构等神秘存在时，他除了心存敬畏外别无他法。"最纯粹的好奇心是糅合了孩童最初看世界的惊奇和圣贤的一份睿智，从中察觉到知道得越多，就知道得越少。因为这种觉悟，人们会更加畅怀，甚至谦逊。

可悲的是成长的过渡时期——从美妙的青少年时光到让我们肃然起敬的晚年——我们选择要走一条狭窄的道路。这并非出于有意识的选择，通常是迫于生活环境而出现的线性发展。讽刺的是，中年岁月却是我们觉得生命中最不幸福的时光。确定性和结构性可能让你对未来的生活更具预见性，而冷漠的态度与好奇心的减退也由此而生，随之退化的还有你的思想和精神。帕金森症和阿尔茨海默病初期的一个病征就是不能处理和面对新奇的事物。

我们来探讨一下好奇心的两个组成部分：惊奇和敬畏。笛卡儿提出："惊奇是所有激情的源头。"它包括愉悦的感觉、单纯的惊喜，以及渴望懂得更多的欲望。惊喜是人类最主要的六大情绪之一，多见于年轻人，特别是那些仍然掩饰不住对这个世界表现出惊奇感的年轻人。

相比之下，成年人的惊奇感似乎有些复杂。你最近一次对一件事物如初见般惊叹是什么时候？小时候，我最喜欢迪士尼乐园的一个特色就是那永不会消逝的幻觉。沃尔特大师和他的建筑师团队匠心独运，使你在乐园中看不到任何外墙。世界上还有哪一个地方能赋予你一个无边无际、开放的发现之旅？当我们到500英尺的高空去俯瞰迪士尼乐园时，通常会因为它技术上的存在（作为游乐场）而失去惊奇感，但对它情绪上（一个充满可能性的快乐世界）的惊奇感依然存在。你是否该配一副崭新的、充满惊奇的眼镜了呢？

米哈里在写《心流》的过程中，采访了专业攀岩者、作曲家、象棋大师等人，询问他们从事自己喜爱的活动时，给了他们类似心流感觉的是什么。他听到最多的答案是"构建或者发现新事物"，一种与惊奇相似的状态。也许快乐并不是没有忧愁，而是更纯净的、拥有孩子般的惊奇。你有可能在惊奇感"因多年的教育而被磨灭"之前重拾它吗？正如创造力研究专家肯·鲁滨逊爵士所说，只有当孩子不害怕犯错时，创造力才能应运而生。他警告："如果你不打算犯错，就不可能出现任何原创性的东西。"

惊奇经常被拿来与敬畏做比较，敬畏暗含着对未知世界的尊敬，惊奇却只关乎喜悦。惊奇能引起科学上的发现，敬畏则引向形而上学或精神领悟。当我们遇上比自身宏大的事物而变得谦卑时，我们会产生敬畏之情。心理学家达谢·凯尔特纳在他的《性本善：有意义人生的科学》(*Born to Be Good: The Science of a Meaningful Life*) 一书中，花了整整一章来探讨敬畏，使我们想象当约翰·缪尔[①]偶然发现了内华达山脉和优胜美地山谷时的惊奇感受。你可能还记得，当你第一次看到阿波罗 11 号宇宙飞船上的宇航员们拍摄的从月球看地球的照片时那种油然而生的敬畏之感，那也是人类第一次看到整个地球的美丽轮廓。这种敬畏之心能让你找到归属感，将你与更伟大的事物联结起来。

敬畏夹杂着少许谦虚，有时甚至藏有恐惧，因为它让我们认识到在这个充满奇迹的未知世界面前，人类是多么渺小。启蒙运动时期和超验主义时期的作者们新造了极妙的词语去描述蕴藏魔力般的美丽和表明我们崇敬之感的崇高存在。敬畏意味着面对超出我们认知范围或想象力的广大空间和力量，你要和它达到某种程度上的和解，对此你不仅要忠诚，还要敢于发掘。凯尔特纳说："怀抱敬畏之心就如同要在广大的生命格局中找到你自己的位置。"你要么从中体察到自身的渺小和无关紧要，要么变得强大到与世间万物相统一。

---

① 约翰·缪尔被誉为"美国国家森林公园之父"，一生致力于环保事业，在《加利福尼亚的山》一书的第 1 章描写了内华达山脉和约塞米蒂山谷之美。——编者注

然而如今，“敬畏”一词被赋予了更多古怪的引申意义。美国在为了推翻萨达姆·侯赛因政权而轰炸巴格达期间使用“震慑与恐吓”（shock and awe）策略时，把“awe”一词解释为“恐吓”。另外还有一个相对轻松的例子，本意为充满敬畏的“awesome”一词正是在西恩·潘所出演的《开放的美国学府》里扮演的那个颇为古怪的杰夫·斯皮考利挪用过之后，才有了“厉害”之意。

好奇的大多数：既惊奇又敬畏

我们只生活在互联网社区中还不够。我们是天生的社会动物，偶尔需要远离家中或公司的电脑，与群体进行交流。如果说有一种能够将一个群体聚集起来的直觉体验，那应当是作为群体一起感受的惊奇和敬畏。

加州长滩的TED年度大会、犹他州帕克城的圣丹斯电影节和在北内华达州沙漠中举行的火人节，这三个最盛大的世界性互动艺术节，使我定期感受到好奇的喜悦。虽然这三个一年一度的盛会内容不尽相同，但是都能令人身临其境。我患上了“接触性陶醉症”，因为无论是对于那些扣人心弦的演讲、感情强烈的电影，还是沙漠中迷人的雕塑，我都有惊奇或敬畏感。

在2010年火人节的“马斯洛派对”营地中，有100多位朋友为我庆祝了50岁生日。每一年，在这个无人居住、严酷的黑岩沙漠，有接近5万人共同创造了一个临时的“帐篷城市”。让我们想象一下，当《冲锋飞车队》遇上《阿拉伯的劳伦斯》，或遇上《毛发》，那该是多么有冲击力的画面。对于那些令人脱胎换骨的艺术魔力、精神、性以及在同一片星空下的舞蹈，无论是何种经济状况、性别和种族背景的布波族（BoBo，即 bourgeois 与 bohemian 的缩写组合词，意为中产阶级的波希米亚人）都尤为热衷。

在我的 50 岁生日会上，会集了从 17 岁到 70 岁的朋友。我们之所以能聚在一起，是因为我们同样都热衷于不期而遇和探寻未知。当然，当医生、律师还有教师整装待发，准备与孩子道别后驾驶租借的休旅车前往营地去体验时，都怀有一丝谨慎和不安。我有几个朋友一度临阵退缩，而我只跟他们说了一句话："保持你们的好奇心吧！"（此话某种程度上跟史蒂夫·乔布斯在斯坦福大学毕业典礼演讲的结束语"求知若渴，虚心若愚"有异曲同工之妙。）

几天短暂的相聚，我们都有所转变。我们栖居在一个没有金钱、没有繁文缛节的乌托邦，总的来说，这是为成人准备的夏令营，每个人都怀有敬畏之心。火人节第一天的傍晚，看着太阳缓缓落下，感觉仿佛第一次置身迪士尼乐园。无边无际的黑夜、摄人心魄的艺术的无瑕之美以及人类正在发生转变的崇高的时代思潮，这些全都表明：若只停留在自家的范围内，你是无法获得这种体验的。

童年时期，每逢学校放假的时候，一个小伙伴就会和我一起去捉小蝌蚪。我们想要观察和弄懂它们的蜕变过程。当我长大成人之后，火人节又让我重新体验到那种惊奇和敬畏之感。你还记得上次去捉小蝌蚪是什么时候吗？

解析这个方程

好奇心 = 惊奇 + 敬畏

看一下你对好奇心的迷思。亚当和夏娃正是出于好奇偷食禁果而被逐出伊甸园。潘多拉出于好奇打开魔盒，释放了罪恶、疾病和不幸（当然还有希望）。洛特的妻子被叮嘱千万不要回头看正被摧毁的名为“罪恶之城”的索多玛和蛾摩拉，她偏忍不住回头一瞥，然后变成了一根盐柱子[1]。30 年前，你的上司可能告诉过你：“少管闲事。”你的妻子认为你对自己的死亡有种“病态的好奇心”。我们自己的思维与身处的文化警告我们，过于好奇会让我们身处险境且执迷不悟。好奇心为你招来过麻烦吗？那真的是好奇心的错吗？纯粹的好奇心蕴含着高度的敬意和公平，我们只会满怀惊奇与充满敬畏。不过窥探女友的通话记录绝非好奇，而是猜忌。

把好奇心变成一个神奇的习惯。好奇心本应是全新的、出于本能的，但你可能要重新训练自己让好奇心有一定的持续性。比如，如果你一整天都在家照顾孩子，那不如玩个游戏：记录一下孩子一天内问了多少个问题，你尽力与他们比赛，反问他们问题（不必马上就反问，但要在当天问）。问些纯真的问题，比如：“为什么香蕉

---

① 《圣经》故事，索多玛和蛾摩拉的男人都对女人没有兴趣，只对同性感兴趣，后来城市被上帝毁灭。——编者注

会从绿色变成黄色，最后变成棕色？”有 6 种简单的提问方式：是谁、什么事、在哪里、为什么、什么时候和怎么样。如果你发觉某人尤其令人厌烦或者你们的关系变得冷淡，你应当感到好奇，想想为什么会这样。夫妻处理冲突或关系冷淡的方法之一就是一起去经历些新奇、有趣的事，重新燃起好奇之火。

发掘敬畏之感。很多事物可以引发人们的敬畏之感，比如雄伟的山峦，遇到更强的对手，与 8 万疯狂的粉丝一起观看美式橄榄球赛（甚至体育场里的观众为了造势而形成的人浪也能让人产生敬畏）。其实更多时候，敬畏之感会出现在稍纵即逝的瞬间或者顿悟的那一刻，观察鸭妈妈带领小鸭步入湖中的情景，然后你想起自己的妈妈。或阳光灿烂的日子里，坐在敞篷跑车里听着最爱的歌曲，或者读一首悲情凄美的诗，恰如其分地反映了你此刻的心情。敬畏一词曾被定义为对一切神圣东西的恐惧或畏惧，现在词典将其修正成“对至高无上的权威、高尚的道德情操或未知恐惧的最深刻的崇敬”。敬畏将你与比你强大的事物联系起来，这样你会有更加深刻的问题，于是好奇心便萌发了。

以现代管理学之父彼得·德鲁克为师。你每年研究一项新课题，让自己精通直到能在以后将之传授给他人。在实践这一计划的第一年，我挑选的课题是研究天然温泉，包括理论和经验，其中不乏乐趣。德鲁克也建议我们每年对过去一年的所学做一份年终总结。我每年会在圣诞节和元旦之间的日子里去做这件事，不仅记录与课题相关的数据或资讯，还记录一些经验教训。《成功的悖论》一书的作者约翰·奥尼尔将这一理念发展成为“年度学习曲线回顾”，目的是在工作范畴内，总结你正在学习以及还未着手学习的知识。如果这些听起来过于烦琐，还有两个简单的方法，可以让你重拾彼得·德鲁克所说的好奇心：连续5天改变上下班的路线，或者在你最喜爱的餐厅点以前未点过的菜。无论是在上下班路上看到新的景色，还是体验新的味觉，开发新的感官体验都是发掘好奇心的方法。

好奇心是一种积极的情绪。拥有好奇心的人更加快乐、更加合群，在工作中更加成功，也更长寿。好奇心是创造和创新的助推剂，也是我们的思维与时俱进的精髓。最重要的是，在残酷无情的经济衰退期，好奇心和适应力成正比，和焦虑与沮丧成反比。你还在犹豫什么呢？开始好奇吧！

第四部分

定义你是谁

做你自己，说出你真实的感受，因为那些介意的人无关紧要，而那些重要的人不会介意。

——瑟斯博士

第12章　真实性=自我觉知×勇气

米开朗基罗（1475—1564）就认为他塑造的那些栩栩如生的人物形象，其实早已存在于他雕刻的大理石中，而他只是通过凿掉多余的碎石将大卫或其他人物从中释放出来。你是否也像被困在了石头中或者被戴上了某种面具呢？本章的主题是如何除去伪装、发现自我。宽泛地说，这也是贯穿整本书的主题：我们的个性是如何形成的，造就我们独一无二的魔力又是什么。

奥普拉·温弗瑞是一位不可思议的亿万富翁。她出生在密西西比州郊区的一个贫困家庭，母亲是一位十几岁的单身妈妈。起初她的母亲根据《旧约·路得记》的一位人物为她取名“奥普拉”。最初的那几年，她由外祖母哈蒂·梅抚养，外祖母用装土豆的麻布袋为她做衣裙。在奥普拉3岁时，外祖母开始教她识字并让她到教堂诵读赞美诗，她也因此得了个绰号叫“牧师”。6 岁时，她搬回北方回到了母亲身边，生活却变得更加艰苦。9 岁时她被家里的一些亲戚猥亵，13 岁时她离家出走，14 岁时曾怀孕（她的儿子夭折了）。

尽管拥有如此不幸的人生开端，但是奥普拉在高中时大放异彩。她被评选为“最受欢迎的女孩”，她是一位赢得了演讲比赛的荣誉学生，最终在选美大赛中胜出，赢得了“田纳西州黑人小姐”的称号。她主修沟通技巧课程并运用所学成为纳什维尔最年轻的电视新闻主播。她认为这是外祖母哈蒂的功劳，是哈蒂鼓励她在公众面前演讲并“给了我积极的自我认识”。

菲尔·多纳休可能是将日间电视节目关注点转向普通民众的先驱，但奥普拉·温弗瑞改变了节目的性质。菲尔对着听众讲话，奥普拉则聆听。她不仅聆听，还能感同身受。她为人们，特别是女性，提供了一个可以亲密交谈和发现真实自己的安全舒适的地方。奥普拉是一个顶尖的榜样，通过讲述自己的亲身经历并引导别人诉说自己的故事。当电视节目充斥着虚伪（肥皂剧和小报式的脱口秀节目）时，奥普拉引入了真情实感。她说过，一个脱口秀节目成功的秘诀在于探寻你自己和他人“真实性的存在”。这种自白式的交谈方式会导致因为透露过多隐私而显得极为尴尬的时刻，同时这也标志着一个私生活不再是隐私的时代的到来。然而，奥普拉那份探索真实性的真诚和她利用人性的脆弱作为与人联结起来的手法改变了一切，这其中还包括我们该把选票投给哪位总统候选人（比尔·克林顿在 1992 年就是靠使用“奥普拉式”的辩论方式打败了竞选对手)。这也是奥普拉成了美国历史上白手起家的最富有的女性的原因。

这意味着最快的致富方式是变得世故吗？不是，但它确实表明了解你来自哪里（你的背景）会帮助你知道你是谁（真实性）和你将要去向何方（你的使命)。上初中时，我全力去模仿周围的“正常”人，因为与众不同让我觉得身处险境。直到我到城里治安较差的区域上学，周围全是各种和我看起来不同或举止不像的人时，我才开始放心地探索真实的自我。22 岁时，我作为一个男同性恋者“出柜”了。我青少年时期的不同经历让我感觉与众不同也没什么不好。几年后，在我把公司发展到拥有近千名员工的时候，我写了一本名为《反叛规则》（*The Rebel Rules*）的书，它的副标题“敢于在商界做真实的自己”说明了在我成年后帮我走向成功的主要因素。

探索真实要趁早

婴儿在 8 个月到 24 个月的时候开始获得自我觉知，在这期间他们开始形成自己的想法、情绪和感受，并明白他们是如何有别于其他的人和物的。也正是从那时起，我们努力地去践行奥斯卡 · 王尔德的名言：“要扮演自己，因为所有的别人都已经有人在扮演了。”

一个人成长的过程可以是为了实现他人对你的期望而不断努力，而不是意识到自己的梦想并努力去实现。青少年时，我们不断被灌输的一个观念是“责任”，要有对各种情形和生活做出适当应对的能力。但是如果我们倾向于保守，“责任”一词就会失去意义。一旦有事情发生，我们未经充分思考便会立即采取行动。有许多因素影响着我们的行为：我们的父母，我们社区的规定，我们普遍的情绪，当然还有我们自己日益成熟的自我觉知。

尽管有些人为了追求真实需要彻底改变自己，比如他们的姓氏、宗教信仰、肉身甚至性别，但我们当中的大多数人只是在应对自我背叛的少许剧痛。在真实的道路上走偏时，我们会有意识或感受到，而当我们给自己时间去认识这一点时，那层轻薄的不满现状的面纱就会被揭开。在成年的早期阶段中，我们的认同感开始形成或者说稳定了，我们开始围绕着它生活。然而，事实上，我们对这份认同投入越多，将来有一天当我们意识到已经与真实的道路南辕北辙时，就越痛苦。对于很多人来说，随波逐流和自欺欺人比做出重大改变容易得多。谁有时间或者这个能力不断敲凿石头以寻求其中隐藏的真正自我呢？心理学家证实真实性并不仅仅是幸福的一部分或者它的先决条件，而是幸福和健康运作的本质。活得真实，才能活得充实。

你的工具：自我觉知和勇气

在下一章讨论自恋时，我们将探究如何塑造一个自我形象来向这个世界展示某种身份，它是发掘真实性的一个主要障碍。但是现在要认识到你需要两种基本工具，开始把你真实的自我从大理石中雕琢出来，它们就是自我觉知和勇气。两者都极为重要。没有勇气的自我觉知意味着你认识了自己，但是其他人并没有认识你。有勇气却缺乏自我觉知的人会表现得装腔作势。因此，这是一个乘法运算，而不是简单的加法方程，因为这些情绪的魔力能创造真实性。

自我觉知意味着你是情绪捉迷藏游戏的高手。在青少年时，当我们尝试着适应周遭，无论是加入体育社、啦啦队、戏剧社，还是没有加入任何社团，我们都会隐藏真实的自己，或者主要依据我们所参加的社团来决定自己的身份。我们变得习惯于倾听外界的声音和动态，却忘记了内心的呼声。我们过于在意要给外界一个好印象，却忘记了真实的要义。

我渐渐地明白发掘“内在的自我”就好像考古学家挖掘那些多年累积下来的土层和沉积物一样。在十几岁时，我的成绩让我感觉自己的存在价值，也促使我为了目标更加努力。25 岁左右的时候，我借助心理医生的帮助开始深挖内心。无论现实世界的表象是怎样的，我在层层覆盖下发现了一些更加广阔、不可思议的洞穴及里面真实的自己。年纪越大，我越需要突破更多的障碍，才能抵达感知真实自我的核心。

卡尔·荣格认为，在我们中年的某个时期，“深埋在个性下的自我觉知的星星之火开始变成熊熊烈焰。这时，过分压抑或者隐藏起来的自我将会压倒认知本身，随之开启一段个性的混乱时期”。这也就是所谓的“中年危机”。在这一阶段中，最大的挑战莫过于寻找那个为了去发掘你可能成为的人，而放弃现在你认为自己是什么样子的意愿。这也是探寻真实自我的道路。

那么，在没有专家、治疗师和挖掘时戴的安全帽的帮助下，你如何敞开心扉踏上自我探索与觉醒之路呢？首先，如果你要独自完成，“见证”真实的自己，你一定要客观看待。日常的思维和行为模式可能导致我们很难辨别出真实性并承担责任。深入自我觉知需要你尽可能呈现出毫无掩饰的自己，尽量不要做判断，因为严苛的评论会终结这次考古式的挖掘。

在自我觉知的过程中发展客观性，可以运用下面四组问题：

1. 谁最了解你？他们对你的评论是否比其他人更准确？当他们在场时，你的表现是否和在其他场合时的表现不一样？当他们在场时，你会产生怎样的情绪，而它们产生的根源又是什么？

2. 今天你在生活中最大的伪装身份是什么？换句话说，什么时候你的举动和真实的你最不相符？在什么情况下你会陷入这样的南辕北辙？面对这种背离感，你又是如何应对或补偿的？你认为它是如何影响他人和你生活中的人际关系的？

3. 每当有经理人想加入我的公司时，我最喜欢问的问题就是：你在职场（或家中），最常被误解的一点是什么？为什么？怎样才是“真正的你”？为什么他人看不到你期望他们看到的真实的你？你在职业生涯中犯过的最严重的错误是什么，你又从中学到了什么教训？回答这些问题需要一定的自我觉知和勇气。

4. 如果有一个不认识你的客观观察员持续一个月每天 24 小时观察你，你认为他会列举出你哪三个优点和缺点呢？你对这 6 个关于你的描述会有何种想法呢？

勇气是你花费充足的时间与你内心融洽相处的自然结果。事实上，“勇气”（courage）一词的拉丁语词根意指肉身的中心部分，即你的心脏。勇气需要强大的心灵。一个融入社会多年且拥有自我觉知的人，当他走进自己的内心世界时，会为此感到骄傲。当感受到自我提升和自我释放时会产生找到勇气的动力，并使你呈现真实的自己。一旦你朝着那个积极的方向前进，这种自发的连锁反应会使你更有勇气做真实的自己。自我觉知的感觉确实不错。

由克里斯托弗·彼得森和马丁·塞利格曼共同编写的《性格力量与美德》一书中列举了人类的六大优点，勇气就位列其中。勇气又可以细分为四部分：勇敢、坚毅、诚实和热忱。让我们看一下勇气在你的生活中的表现。

勇敢：你上一次在困境中为正义挺身而出是在什么时候？欧内斯特·海明威把勇气定义为“压力下的优雅”。它需要我们拥有承受身体上和心理上重创的能力，以及能忍受不再受欢迎或成为非主流。

坚毅：回想一下别人可能早已放弃，你还坚持你的想法、目标或人际关系的时候，那是勇气还是愚蠢的表现？如果是勇气，你的坚持也产生了效果，那你的感觉是什么？它赋予了你更多的勇气吗？

诚实：你能够想象有一天，即使可能带来可怕的后果，你也必须冒险说出事实的真相吗？诚实正直的生活是我们一直渴求的，但是在很多情况下，这需要很大的勇气，例如在公司里成为那个告密者，或者在家中挺身而出、揭示真相。

热忱：你和他人是否遇到过希望渺茫的事情，但是你对生活保持的那份积极和热忱，使你的团队在困境中能保持冷静和充满勇气呢？勇气是会感染的，有时只要一个人有信心，一切事情就会顺利开展下去。

“我是我自己”

克服恐惧很好地体现在我“出柜”的过程中。在我的成长过程中，我的身份仿佛就是我那做过海军陆战队上尉的父亲的翻版。我是小史蒂芬（仿佛老街区遗留下来的一个芯片）。我的父亲是我们的棒球教练，而我是明星投手。我的父亲是我们的童子军领队，也曾是鹰级童子军，后来我也成了鹰级童子军。我上了父亲曾经上过的那所中学，也像他一样参加了校水球队。我在斯坦福加入了大学水球队。我的父母在斯坦福相识，直到我的运动生涯结束，我认定自己也会在那里遇见我未来的妻子。我参加了一个和父亲不一样的兄弟会。虽然我和他一样主修经济学，但和他不同的是，当我留学海外时（我父亲没有留过学）开始学习弹吉他，留着蓬松的长头发，流连在咖啡馆里，思考为什么我觉得脱离了真实的自己。

在斯坦福大学商学院读大一那年暑假，我在保守的摩根士丹利投资银行纽约办事处实习。我穿着背带裤，有时抽雪茄，活像一个“世界的主宰者”（典型的 20 世纪 80 年代的投资银行家），我像是鱼儿离开了水。在 1983 年的独立纪念日那天，为了放松一下，我从坐落在第 86 街与河滨大道交叉口的公寓出发，一直漫步到格林尼治村。22 岁的我第一次走进一个同性恋酒吧，遇见了一个年轻优雅的男子，度过了一个浪漫的夏天。白天扮演一个异性恋的投资银行家，晚上又成为公开的同性恋者，这种双重生活并非易事。幸运的是，我的伴侣来自一个非常虔诚的信教家庭，他在那个夏天真正帮助我找到了自我。

当我返回加州时，我为能看清自己而备感轻松。但别人仍在期望我娶妻生子，过比我父母更好的生活。随着我的自我觉知逐渐加深，我意识到我需要把这个秘密告诉我的父亲、其他家人、我兄弟会的兄弟们、我的运动伙伴，以及其他那些认为真正的我并非如此的人。要把这件事情告诉我的父亲是最让我感到恐惧的。吃完晚餐后，我鼓起所有的勇气邀请他一起散步，我将告诉他小史蒂芬将要完全脱离父亲的轨迹。

在经过几个月不稳定的生活后，父亲再次成为我最强有力的支持者。重要的是，当他投资我的第一笔生意，我们对第一家酒店的经营理念和战略发生争执时，他承认我对自己性取向的坦诚让我在生活上显得更真实，我在创造一个特色酒店时的直觉也体现了这一点。如果按照我的父亲的风格、品位来设计，第一家酒店将是西尔斯百货那种陈列室的感觉。最后，我相信我更是一个情商领袖，因为我更有勇气深入地探究自我，当然那也是我发掘真实自我的必要元素。

在你的生活中，哪些部分到了“出柜”的时候呢？

解析这个方程

真实性＝自我觉知 × 勇气

列一张“我要成为……”的清单。我们都很熟悉“待办事项”清单，有些人没有它会感到无所适从。但是，你最后一次制作一张“我要成为……”的清单是什么时候呢？当你长大时，你真正想要成为什么样的人呢？这其中涵盖了一系列的身份，好比成为一位母亲，或者做工作上或社区中的领导者。它也可能是你渴望的一系列特质，就像不论发生什么都能保持轻松和幽默，或者成为整个大家庭的智慧之源。只要小心别让任何你在“做”的因素妨碍你想要“成为”的样子。如果你心生怀疑，可以问自己：“我想要成为什么，而不是我需要做什么，才能在这个世界上表现真实的自我？”

你的影子：它教导了你什么？有时候在自我觉知的过程中，你会从他人身上看到自己的阴暗面。回想几个让你感到十分挫败的人。他们的哪些品质最容易激怒你？比如你认识的某人喜欢窥探和谈论他人的隐私，这让你抓狂。你是否也这样做了却为自己找借口呢？你是否因为渴望得到关注、被认可或获得某个职位才变得积极？自我觉知有时候是通过观察其他人从而反思自己的，这些人不只是你钦佩和想要效仿的人，也包括那些好似一面镜子的人。

赫布会怎么做呢？多年来，我一直把西南航空公司的创始人和前首席执行官赫布·凯莱赫的照片放在我的书桌上，提醒我在被一些商业挑战弄得头脑混乱、需要一些叛逆而大胆的想法时想到他。当我们处于自我觉知的低谷时，大多数人只是反应而不是去应对挑战。我们让习惯去解决问题，这意味着我们放弃了让勇气出镜的机会。想想生活中一个自然勇敢的人，他拥有下列 4 种品质中的一个或多个：勇敢、坚毅、诚实和热忱。下一次，当你面临一个你通常会反应怯懦的挑战时，想象一下你勇气的榜样就坐在你肩上给你建议。

准备好去挖掘。在一张纸上画一个圆并在圆心写下“真实的自我”。然后以这个圆为核心，在周围画一系列的圆。你越感觉跟自我相违背，画的圆就越多。从离核心最近的圆开始，你真实的自我是什么时候被这层沉积物包围的？有哪些部分是虚假的你或者根本不是你？由内往外到下一个圆，一直到他人眼中的你。你会发现你建立了一些并不牢固的围墙，你需要把它们推倒。

一旦能够开始深入到核心去挖掘你内心的真实自我，你就会安心。

如果你很快地扫过这一章，觉得这些关于真实性的愚蠢的谈话与你无关，显然只是为他人写的，没关系，我还为你准备了下一章——自恋症。

第13章 自恋症=（自尊心）^{2}× 特权

“形象就是一切。”你还记得佳能广告中网球明星安德烈·阿加西轻蔑地看着相机，最后蹦出的这句稍显自大的真话吗？阿加西是网球界最成功的球员之一。同时，他也是一个通俗文化上的赢家，当他与和自己名气相当的文化名人布鲁克·希尔兹结婚时，他们在加州的海滨婚礼吸引了很多狗仔队的直升机在天空盘旋。

阿加西似乎总是在抢这个世界，他以拉斯韦加斯的方式用他的假发，以及做出滑稽动作，摆出摇滚明星的派头来赢得人们的关注。他的故事正是一个天才的运动员如何在成长后变得自大而自认拥有特权的现代寓言，同样的情况还有泰格·伍兹和塞雷娜·威廉姆斯（“小威”）。像一个教官一样，阿加西的父亲把4个儿子都送去参加残酷的网球训练，安德烈是唯一取得成功的人。

当阿加西开始进入职业网球圈的时候，他的灵魂已经被接上了线，让他认为自己是最棒的，他在公众场合作威作福，这让观众对他既爱又恨。这就像一名超级运动员相信各种形式的炒作，甚至觉得他是被鼓动的，因为他的所作所为必须符合那个已经树立起来的光辉形象。一个超级运动员经常被阿谀奉承者包围，而正是他们帮助他树立起了自大的形象，这其中不乏一些已然成为这个明星品牌一部分的跨国公司。

在他的回忆录《阿加西自传》[①]中，阿加西重现了这个现代自恋症单调的存在。关于输赢，他这样写道："赢家感到快乐并不比输家感到痛苦来得强烈，快乐也没有痛苦持续得长久，还差得远呢。"对于一个自我陶醉的人，赢还是至关重要的。

阿加西已经退役。他剃了光头，坦承他是一个康复中的"瘾君子"。他和同时期的网球明星施特菲·格拉芙结婚，现在是两个孩子骄傲的父亲。他似乎用帮助家乡拉斯韦加斯较不幸的年轻人的方式，找到了自己负面形象的解药。在幽默和谦逊中，阿加西似乎得出了结论，在经历过无数痛苦和打击之后，形象并不是一切。

《纽约时报》专栏作家戴维·布鲁克斯曾写道："这个自恋狂明显的特征包括宏伟的自我形象、对崇拜的持续需求，以及对他人缺乏怜悯。他是神圣火焰的看守者，那是他借以自我庆祝的火焰。"你能猜到他所指的是谁吗？他所指的就是梅尔·吉布森，他鲜明的

---

① 《阿加西自传》一书的简体中文版已由中信出版社于2010年9月出版。——编者注

好战言辞彻底损坏了他的英雄形象。在这个时代有太多出名的途径，比如大众化的视频网站（YouTube）以及提供奖金的《美国偶像》的选秀，不只是名人才会经历这种自大情绪的冲突。在生命的每一个转折点，我们都被告知我们是独特的。这种全国性的自负膨胀制造了大量的怪物。

自恋狂并不是一种情绪，而是一种症状，就像工作狂，它们处于许多其他情绪的十字路口，其中有些受到好评（自信和乐观），有些则受到嘲弄（虚荣和狂妄）。这种现代症状源于有关那喀索斯的一则希腊神话。那喀索斯是一个非常英俊的希腊少年，当他第一次在池塘中看到自己的倒影时，就深深地爱上了它。他舍不得离开池塘，怕看不见水中的自己，最终饿死了。

我不得不说这个古老的故事意味深长。当我还是一个孩子的时候，我有点儿害怕自己的形象，而一旦得到了自我肯定后，我又变成了一个爱炫耀自己成就的自恋者。人们说那段时间我大放异彩，现在看来当时开始相信自己的宣传后，我的成果就是一株水仙花（当神话中自恋的那喀索斯死去的时候，小小的水仙花就在那里生根发芽）。抛开这一切，我感觉自己像一个紧张不安的行骗之人，一个没有安全网而走钢丝的人。有一天，我在自己浴室的镜子上贴了诗人大卫·伊格内托的一句箴言来提醒自己自我陶醉的危险："观望一座山时，我满足于它是一座山，而非对我生命的评论。"当然，把警示语写在镜子上对自恋者也可能是徒劳的。

把自恋症正常化

从历史观点来看，自恋症有一个评判范围，那些靠近极端的人被认定为不健康。但是在自我宣传受到嘉奖和自信受到追捧的现代，自恋已不再显得多么异常。如果说流行文化是当今的信仰，自恋则是大众的基本教条。在20世纪50年代，千千万万的青年人被问及是否认为自己是“重要人士”时，12%的人表示同意。到80年代末时，同样的问题，则有将近80%的青年表示赞同。这是一件好事还是坏事呢？我们的自尊心是否被过度放大了？

不论自恋是否被正式认定为一种病症，它都需要受到重视。在这一章里，我们将讨论常见的自恋症。很多临床医师称那些追求现实利益、满足强烈欲望的人为“健康的自恋者”。弗洛伊德甚至辩称健康的自恋是正常发展的重要因素。《自恋者丰产》一书的作者迈克尔·麦科比认为，很多杰出商业领导者绝对排斥维持现状，觉得他们自恋的个性能在组织机构中产生良好的影响。但何时自信变成了夸大，或者精明形象变成了腐败？理查德·布兰森是一个自恋者吗？基于他的伟大天赋，我们是否应当接受这一点？一个自恋者是迷人的，他拥有超凡魅力、富有伟大梦想的创造力、周围服务于他们的人的阿谀奉承、身体的吸引力，以及高度的自信。但过度的自恋对自恋者本人和他周围的人都是毁灭性的。

下面是自恋者普遍存在的性格和情绪：

- **人际交流中明显以自我为中心**（他们无法不谈论自己）
- **认为自己高人一等**（他们认为自己比别人强，有时是因为他们夸大自己的能力或成就）
- **怀有对无限成功、权力、智力、美和爱的幻想**
- **妒忌**（他们经常妒忌别人或者认为别人妒忌他们，不管在哪一个团体中，他们都密切关注自己的排名位置）
- **认为自己天赋特权**（他们相信自己有权利得到特别待遇，有时甚至违背规则来达到目的）
- **过度敏感**（他们很容易受伤却不轻易表露出来，有时甚至不会去感受它，然而当他们感觉到自己小心翼翼建构的世界受到威胁时，就可能变得愤怒）
- **缺乏同情心**（他们对亲密关系感到害怕，从而无法维持一段令人满意的关系）
- **不愿承担责任**（一旦处于不幸中他们就拒绝承担责任，他们很擅长推卸责任）
- **羞耻心强**（比负罪感还强，因为他们受外在的影响比内心的影响要大，但要让他们承受羞耻则很难）

很少有人乐意承认自己有自恋症。诚然，我们有时会自我觉知膨胀，但很确定不至于自大到像个爱吹牛的客户，或像健身房里以自我为中心的教练。然而，真正的自恋者在自己身上是看不见以上所列的性格特征的。或者，我亲自测试过，他们会为这些表现找借口。但是，一个富有成效的习惯很快会成为根深蒂固的行为方式，接下来他们就会意识到，他们正生活在满是镜子的房子里。

自尊心强到极致

自从1890年威廉·詹姆斯提出了“自尊心”这一术语，它的意思就一直没有定论。那是我们所追求的东西，还是技巧、能力和美好生活的副产品？我总相信越多的就是越好的。直到我读了社交心理学家琼·特文格和基思·坎贝尔合著的《自恋流行病：生活在天赋特权时代》，我才将方程中的自我陶醉改为了自尊心的平方。作者极具说服力地讲到，在20世纪70年代（“唯我的十年”）自尊心开始在抚养孩子时普遍出现，这已经超越它的确切含义，留给我们的只是一种相信特权的文化。相信高度的自尊心能鼓舞年轻人走向伟大，这一想法已经导致一大群人根本性的失调。一个真正有自尊心的人会关心别人，而自恋者则太过关注自己，以致与周围的人断了关联，只会关注他人是如何看待或者服务他们的。

这是本书唯一用到了指数来论证的方程。指数是同样事物重复相乘的速记符号。例如，三个5相乘（5×5×5）可以速记为5^3。谈到自恋症时，用指数（两个同样的数字相乘）来说明自尊心强到极致可能十分危险是再恰当不过的。或者说，自尊心的平方（也就是一个数字的指数为2时）已经用括号与这个世界分开了，这也是合理的。方程中的括号就像自我的两面镜子，对视而立。自恋症是孤独的最终表现。当一个人的自我觉知膨胀时，他在舞台上或生活中对别人的关注就会变少。

自尊心的平方会产生特权思想，通常也会带来失望。当想着自己很独特时，你会相信自己有权享受特殊待遇。这种想法引领人们对瞬间喜悦的追求，这也导致了过去几年经济上和住房价格的暴跌。人们相信他们有权获得根本不需要付首付款的豪宅。银行职员没有尽到风险评估的责任，反而合伙欺骗。在取消抵押品赎回权猖獗的阳光地带社区，今天最普遍可见的情绪就是“挫败的骄傲感”。不仅仅是房地产泡沫破灭，特权泡沫也一样。

特权思想是超高期望的另一种表现，失望则是期望值过高的自然结果。可以说，特权思想是期望的平方，所以从另一个角度讲，它也可能招致相当失望的跌落。我们看到工作中一些人对周围的人毫不关心。这些人在路上抢道或在商店排队时插队，他们还会在各类网站上大放厥词。

“脸谱网时代”的自我陶醉

从1927年开始，《时代周刊》每年都会评选“不管是好是坏，在过去一年有最大影响的”一个男人、女人或者创意，作为杂志年终的封面。曾获此殊荣的有查尔斯·林白、富兰克林·罗斯福、科拉松·阿基诺、米哈伊尔·戈尔巴乔夫，以及2010年社交网站脸谱网（Facebook）的创始人马克·扎克伯格。但是在2006年，《时代周刊》在网络 2.0 时代将这项荣誉给了“你”（You），封面上是一面镜子，提醒“你”是多么重要。托尼·龙在《连线》杂志上问道：“如果不是自恋者梦想的实现，那互联网是什么？”

欢迎来到自恋症大规模盛行的时代。你可以在 YouTube 上发布有关你自己的视频或者在推特上尽情发布你每日琐碎的事情。在关注“你”的最大规模的社交网站脸谱网上，你可以添加无数好友或吸引无数粉丝，让他们来浏览你的照片和个人信息。脸谱网就像一场谁都可以“抢过他人风头”的竞争，从一个“我”到另一个“我”。你也可以选择一个匿名角色或虚构人物来表现自己的别样生活，这样你可以尽情展示想象中的自己。

回到网络 2.0 时代之前，我可以坦然地相信朋友，向他们寻求建议或忠告，因为我相信真正的朋友是会将对话保密的。我不用担心谁会偷听我们的交谈或者我们的对话会被保存在永恒数据中。我也不会觉得自己要时刻准备着，我可以展现真实的自己，不用考虑是否有观众或听众。

然而今天，每个脸谱网用户都有观众或听众。这个新纪元让我们自己来塑造自己，形成自我觉知。当我们持续展示或表演时，我们是否都成了竞选“最佳表演者”的贵宾犬？甚至出现了一种新的社会现象，叫作“FOMO”（“害怕被遗忘”），是指人们在浏览他人脸谱网网页和他们光荣事迹时的焦虑与孤独感。如果你不是一直在浏览脸谱网，这些事情你都可以做到。

我最近和一个朋友的女儿有过交流。在我拜访他们家的整整两个小时的时间内，她一直在聚友网（MySpace）自己的网页上，精心修改她的个人信息，并骄傲地向我展示她是如何将自己呈现给大众的（很讽刺的是，她做这些事时穿着睡衣，素面朝天，真可怕）。我问她为什么在这个网站上花费如此多的时间，她的答案一针见血："我没有别的去处，这就是我和其他人交往的地方。"聚友网取代了商城，而这个商城现在每天 24 小时开放。

佩姬·奥伦斯坦在《纽约时报》上发表了一篇见解深刻的文章，名为"我推特，故我在"。她哀悼由人们创造的这种"包装自我"文化产生的情绪影响。比如，在过去的 30 年中，大学生的同情心已经很大程度上降低，而降低最快的时期正是社交媒体开始出现的时候。所以，当我们小心翼翼地包装自己的同时，我们却忽视了他人，并且极富讽刺意味的是，我们甚至忘记了自己真实的内心想法。奥伦斯坦还引用了麻省理工学院一位教授的一句名言，即"推特是对外呈现的三次方"（我很喜欢这类数学方程）。

丢开镜子

这是令我感到棘手的一章。当然，想出一个情绪方程，对其进行研究，然后反思自身对这个方程的经历，这对一些有自恋倾向的人来说可能很陌生。这就像让一个恐高的人清洗 100 层高楼的窗户。幸运的是，我知道你看不到我的初稿，这是我的安全设备。然而自恋者的生活就像他们在展现一大篇初稿：未完成，有瑕疵，还没有为它的黄金档期做好准备。他们最大的恐惧就是害怕被“揭发”以及当与他人对比时产生的那种羞耻感。

由于自恋者倾向于把失败藏在心底，所以多数人感觉到他们对失败的反应是感到羞耻，而非负罪感。负罪感是因为你觉得做错了事情，而羞耻感则是你感到自己错了，彻底错了。为了避免出现这种痛苦情绪，自恋者总是责怪外在事物的错误。如果你和自恋者在一起，就等着替他背黑锅或者遭殃吧。

几年前，在我的公司发展最迅速的时期，我正饱受情绪的困扰。我强烈的控制欲和我想在公众面前展示的成功形象，使得我大部分时间只能麻木自己（自恋者的普遍特点）。有一次，一个颇受欢迎的旅行作家下榻我们的新酒店，从一开始这就是一个悲剧。我能想到的就是，那个作家一定会写到当他进入房间时，发现已经有人在那儿睡觉，浴缸里满是头发。虽然我没有像自恋狂那般表现出极端愤怒，但因为这事儿让我很心烦，我还是训了我的经理们。

然后，我们的一位前资深执行官，既是我的朋友也是一个能干的合作伙伴，以最含蓄的方式私底下告诉我，其实是我忘了把那位作家的预订情况转告给酒店，所以工作人员是因为没有收到通知，才没有为作家的到访做准备。这就是有自恋倾向的人发现真相的时刻。我会让我膨胀的自尊变小吗？作为公司的创始人和首席执行官，我会放下特殊地位向旅行作家和酒店员工承认错误吗？

我对于因我的疏忽而将他们置于尴尬的境地而向酒店的管理层道歉了。我请那位旅行作家出去吃饭，不过没有告诉他由于我自恋而忘记转告的事儿，而是和他打起了交道，为他这次在我酒店逗留的不愉快的经历向他道歉。然后我和那位直抒己见的资深执行官坐下来，向他询问建议（一个自恋狂很少会那样做）。因为我深感羞愧和负罪，所以我问他如何才能做一个更优秀的领导者。他说当我展示“有目的的谦卑”的时候就是最有权威的，并且给我举了几个我有意无意展示那方面品质的事例，包括我没有那样做的时刻。

他离开房间后，我仍然坐在那里，感觉有点儿泄气，又有点儿好奇我如何能让自己的生活变得不同。要想承认自己的脆弱真的需要点儿勇气。我决定改变自己的世界，之前我只会独自站在满是镜子的房间里体验孤独，现在我和同事们一起站在高楼的第 100 层楼一同工作，朝着一个共同的愿景迈进。我希望我生命中和我公司中的每一个人都可以在我听从内心选择的结果中受益。

解析这个方程

自恋症 =（自尊心）^{2}× 特权

稀释你的自尊心，让它不会被“平方”。有些心理学家相信自恋症并不比其他人格上的缺陷更容易治愈。但是你可以“撤销”一些你习以为常的自我陶醉。首先，想想哪些情况下它会使你陷入困境？你的配偶有听不到感激或被遗忘的感觉吗？那些与你共事的人会认为你是极端的自我主义者，或者只从自己的角度看待问题吗？你是否因此失去了大部分朋友呢（这里我并不是指相识的人，而是说真正的至交）？从你生活中最棘手的事情着手，请考虑让你周围的人给你做一个全方位的评估。在工作上，那意味着你把匿名调查表发给你的同事。在家里，那表示“深入聆听”你的配偶，对方就会告诉你，你的自负会如何影响家人的。你若想要改变，首先需要了解你目前的行为常会产生负面效果。但愿你会听到些你自我陶醉的行为产生消极效果的实例，比如不懂得聆听、一味宣扬自己的观点，或者因为自己偶尔不能明辨是非而不信任他人。选择其中一种你能控制的行为去改变。视其为你日常事务中的最高优先级，并观察一下你身边的人对于这个新的、比较不自我陶醉的你的反应。

用谦逊和同情心取代虚张声势和特权。你想要克服自恋症吗？花一天的时间和一个更自恋、更自视甚高的人相处。他是觉得自己生来该去服务（他人）还是认为凡事都是应得（为他自己）的人呢？再想想一个你真心欣赏的人。他的身上有什么品质吸引了你？在一对一相处时，对其他人最有魅力的地方就是他们的谦逊，而非那些自命不凡的品质。当我们想起生活中那些让我们自我感觉良好的人，我们可能会羡慕这些人，他们很有可能正是那些谦逊和富有同情心的人。你如何能与那些当你展现出谦虚品质时会给予积极反馈的人接近呢？

改善你的环境，并且拓宽你的视野。改变一个人的天性可能是一件难事，但是改变你的处境却可以是朝正确方向前进的第一步。自恋者像是作茧自缚一般去创建一个有许多面镜子的房间来制造安全感。要减少自恋者的习性，就必须先摧毁他们认真建造起来的安全港。这一道理在你的工作方面也能起作用。你选择了一条需要很多粉丝和追随者的职业道路吗？我有一个政客朋友，他经常将他的自恋品性归咎于工作需求（还有公众的喜爱）。这样的话，你必须换工作，或者改变你和工作的关系。我问过这个朋友："你是否想过，如果你表现出真实的你，那些奉承的选民也许会更加喜欢你？"另外你可能需要改善你的感情关系。你的配偶是一个看不到真实的你或不善于表达自己的人吗？在你们改善关系之前，请先探索一下你和伴侣是否可以改变对待彼此的方式。请你先承诺对方，你愿意在晚餐时用一半的时间来聆听。请不要发呆，务必问两三个经过深思熟虑和富有感情的问题，以表现出你的关怀和真心的兴趣，除了你爱他之外没有别的理由。心理学家琼·特文格建议我把"减去对他人的关心"加到这个方程的最后，因为真正的自恋狂对每个人（除了他们自己）都视而不见。

寻找那些比自身更宏大的东西。爱、自然、宗教、有目的性的冒险、为人父母、去经历一个超越你自身的变革，这是用来治愈自我陶醉的第一步。大多数自恋狂对自助书籍并不感兴趣，而其他的自恋狂则成为精神方面的自恋狂，把自爱当成终极目标。我的朋友艾伦·卢里牧师说："灵性对自我是一个成就的载体，就像名誉、财富、豪车和性感的身材一样。"精神上的高人一等（"我比你更优秀"）是康复中的自恋狂要面临的一个风险。当你能够对那些难以改变的旧习一笑置之时，你就知道你正在治愈中。当你认识到自然或者宗教的伟大时，如果你觉得自己很渺小，那你仍然把自己限制在括号内了。将你自己从你那平方了的自尊心里解放出来，这样你才能够感受到那随之而来的奇迹般的统一。

著有《我和你》的哲学家马丁·布伯曾经写道："当两个人真诚和充满人性地对待彼此时，上帝就是在二人之间产生的电流。"你不是上帝。如果你觉得你是，我敢肯定你正戴着面具，而且正陷于虚幻的网中，而有时这张网就是互联网。要谨记，网络生活不是真正的生活。

我的确注意到了社交媒体的价值，有时候我也会很狂热地登录各式各样的网站。但这些网上论坛只是我通信菜单的调味料，而非主菜。我喜欢把推特当作一个充满古怪思想和文章的剪贴簿，而它们是我想跟进了解的东西，也可能是被他人欣赏的。我尽可能不把它当作讲坛或获取持久关注的途径。至于脸谱网，我对它持保留态度。电子刺激的有效性和即时性永远不能取代人与人接触所带来的那种快乐。

第 14 章　正直=真实 × 无形 × 可靠

一个人的正直可以是另一个人眼中的牛脾气。著名小说家、学者和基督教神学家刘易斯写道："正直就是就算没有人在注意你，你也能做正当的事。"正直不需要观众。尽管如此，在过去 50 年中，刘易斯还是凭借他的著作博得了很多拥趸，其中包括《纳尼亚传奇》《惊喜之旅》《返璞归真》，而《返璞归真》可能是 20 世纪最具影响力的基督教书籍。

直到年近 30 岁的时候，刘易斯还是英国学术界的一位无神论者。在改信基督教后，因为对基督教理性的质疑，他被冠以"怀疑主义者信徒"的称号。刘易斯在强烈的世俗学术环境下活出了自己的信仰，这对有信仰和无信仰的人来说都像是一个传说。在牛津大学，"信仰"这个概念通常是不受欢迎的。在第二次世界大战期间，刘易斯成为继温斯顿·丘吉尔之后，在英国广播公司（BBC）广播电台演讲中第二个最广为人知的人，这些演讲最后被收入《返璞归真》一书。

成为一名基督教神学的公众传教士对刘易斯的学术生涯产生了很大的影响，他连续多年不被授予教授的头衔。他的观点也不同于其他的基督教徒，比如身为医生和神学者，同时还是非洲医学传教士的阿尔伯特·史怀哲。史怀哲的观点也曾在欧洲和非洲大陆遭到排斥，但也因他的贡献而获得过诺贝尔奖。他们不论在哪里，不论是在生活还是在工作中，不管观众是谁，都奉行他们的道德信仰。

正直是我们今日挑选公司领导者的首要条件。大部分生意人都努力紧随着道德的指南针，并遵循那些可以对抗生活权宜性和事务性的道德规范。我曾觉得正直是一座高峰，而我需要一个精神上的夏尔巴人（西藏的一个部族）来帮助我登上那“空气”（air）稀薄的高地。我也开始相信正直可以被净化为这个简单的缩写AIR（真实、无形、可靠）。史怀哲写道：“人不必为了要成为一个圣人而成为一个天使。”你可以拥有正直的品德，但仍然可以是个有缺陷的真实的人。

“正直”（integrity）这个词源于拉丁语中的形容词“integer”，意思是“全部的”或者“完全的”。从这一点来看，正直就是“完整”的内在感觉，就是那种我们身上的特点合而为一的感觉。在上一章讨论完互联网里的自恋世界之后，我们立刻谈到完整，这再合适不过了。阿尔伯特·史怀哲的角色是丈夫、父亲、音乐家、神学家、医生、慈善家和哲学家。在当今这个社会，人们通过商务人际关系网领英（LinkedIn）、社交网站脸谱网、微博客推特和其他一系列社交网站，以不同方式向整个世界展示自我，你的所有身份还会变得更加复杂。现在，我们多样化的自我综合体显然比过去更重要也更具有挑战性。

我用脚手架进行比喻，来想象一下现在我们如何为多样的人际关系创造多样的身份。在我的“青年总裁组织”里，我是位首席执行官，我身份的脚手架是由雄心、好奇心和社交能力组成的。作为公司的创始人，我扮演着父母双亲的角色，对我的“家庭”负有高度的责任。在我的“心灵沙龙”里，有十几个拥有不同信仰的人共享他们对生命存在的好奇心，而我是这里的一个爱问有关生命问题的学生。在不同的地方扮演不同的角色是相当混乱的，而有时这个世界只想看到我的表象。当我心怀困惑时，我试着在不同的环境下，去与我的本质和内心交流。一般来说，我公司的宗旨“创造欢乐”也决定了我在这些团队中的角色。我不是最好的组织者，但是通过把人与人联系起来，甚至让他们与真实的自己互动起来，我似乎真的创造了欢乐。

看看你自己的多重身份，然后问问自己，你是否在用生命、哲学或格言的方式把它们整合为一。你能否坚持做个有责任心的人、英雄、丑角，或者调停者呢？如果这对你来说有些陌生，那就去网上搜索一下“原型”（通常会找到 6 到 12 种不同的原型），看看哪一种最像真实的你。这个真实的你就是在任何环境下都能整合你身份的途径。多年前，一位博学的治疗师告诉我，她把“功能紊乱”定义为你在大众面前的形象和你私底下真实形象之间的差距。我的一位朋友把这称为“正直缺口”。

正直就在“空气”里

让我们来做一道数学题。我认为有三个情绪变量可以组合成为正直，这就是真实、无形和可靠。单独来看，这三个变量中的任何一个都无法诠释正直的含义。既然这三个单词的英文首字母组合起来正好是“空气”（AIR），我们可以把正直看成像我们呼吸的空气一样重要（但通常不受赞赏）。只有在面临不足的时候，我们才会意识到它的重要性。

在第 12 章中，真实被定义为自我觉知和勇气的结合，因此我们可以把这两种品质看成是正直的“好亲戚”。你可能让人觉得麻烦，比如非常诚实地展现自己，以及表达你所持有的观点，但这种行为似乎会被认为是在炫耀自我。试想一个人，比如一个你不喜欢的政治评论员，他在与人交流时是真实的，但是在你眼里，他并不完全是正直的人。这中间好像少了些什么。

无形是正直的第二个组成要素，也是非常微妙的一点。“圣雄”甘地曾说过：“我的生活是一个无形的整体，我所有的行为都紧密相连……我的生活诠释了一切。”就如刘易斯提到的，正直的价值源于没有观众的情况下我们仍然能做我们该做的事，坚持做我们自己。在缺乏自我觉知和渴望在无须赞颂的情况下行善，这些品质对我们在这个自恋的世界生存是很重要的。无形这个品质深刻地暗含着谦逊的意思。

可靠包括兼容性、忠诚，还有言行一致。无论你面临什么情况，正直都能够跟你的价值观进行可靠的结合。如果你看到了一个人的正直，那么他很有可能在践行你所钦佩的生活和做人的方式。

如果这三个品质缺少了任何一个，正直缺口就会再现。这种情况通常出现在你处于一个陌生的环境中，你无法像平时一样很好地表现自己的正直。由于某种原因，在与人交流中，你无法表现得像平常那样坦诚或开放（缺乏真实性），或者你是在用一种太注重自我形象或自私的方式与人沟通（缺乏无形）。抑或当你的意图（无形的）让人觉得是真实而纯洁的，但是你却无法正确地“履行承诺”（缺乏可靠性）。

整合你的身份

当我们处于不同的场合时，我们就会扮演不同的角色。角色的冲突可能引发问题。有一年在参加火人节后，我在脸谱网上发布了那次活动的一些照片，因为很多朋友都要求看看这个充满视觉魅力的经历。我上传照片的时候没考虑那么多，因为火人节是一场大型的化装舞会，在万圣节那天诞生的我对参加化装舞会或穿着滑稽的服装都不曾有过丝毫犹豫。从一些照片上可以看到，我当时穿着芭蕾舞裙和亚洲围裙。

但我没有考虑到一点，我的很多员工都是我脸谱网上的好友。在我上传照片几周后，公司的二把手告诉我那些照片在公司的电脑里广泛流传，有些员工看到我赤裸上身感到十分震惊。起初，我觉得有点儿尴尬，但当他建议我把照片删除时，我不得不这样问自己："到底怎么做才是真实的我呢？保留照片，还是删除它们？"我认为我的公司是一家热爱欢乐的公司，而这些照片也符合公司文化，我选择保留这些照片。一位听说了这个争议话题的记者邀我合写了一篇博客，探讨在这个互联网时代里，首席执行官是如何认知个人身份的。出乎意料的是，有数以万计的人浏览了我们的博客，我们收到了上千条评论，其中20%的评论是负面的，他们视我为一个偏离正轨、不可靠的首席执行官。我是整家公司的形象（就算这是一个先进而又有点儿古怪的团体），最终使我无法做自己。

你可能遇到过类似的情况，你看到的自己和别人看到的你并不一致。心理学家将自我划分为三种：（1）真实自我（不管是你自己的认知还是他人的看法）；（2）理想自我，它是你对某人（你自己或者别人）期望你拥有的特征的体现；（3）应然自我，就是某人（你自己或者别人）认为你必须拥有的特征。举一个理想自我与应然自我冲突的时髦例子，一个生活幸福但没有孩子的职业女性，会在步入40岁的时候开始思量自己是该继续自己的事业（理想自我），还是应该成为一名母亲（应然自我）。当然，这也要看个人本身，也许成为一位母亲才是她的理想自我，而事业是她的应然自我。

这些自我的差异产生了很多矛盾。当我们的真实自我和理想自我发生冲突时，我们会对自己感到沮丧或遗憾。当我们的真实自我与他人理想中的我们发生冲突时，我们会感到羞愧或不安。当我们的真实自我和应然自我之间出现裂缝时，我们会感到自责和自卑。当我们的真实自我和别人认为我们的应然自我不一致时，我们会感到害怕或者受到威胁。总之，真实自我和任何一个其他的自我的矛盾越大，不安的感觉就会越强烈。

没有人敢说正直是一件容易做到的事。要把所有的自我整合为一已经非常困难了，如果你过分看重他人寄予你的厚望，这将变得更加复杂。如果有人爱上了戴着面具的你，你有两个选择：继续戴着你的面具，所冒的风险就是私下自我和公众形象被分割；或者摘掉面具，那就有可能会失去这份情谊。很多人到 50 岁的时候会变成更加快乐，其中一个原因就是他们终于决定摘掉戴了多年的多重面具。

什么样的面具让你精疲力竭?

在美国，每一个自杀案件背后都隐藏有将近二十个企图自杀的人，也就是说每年有大约一百万人试图结束自己的生命。对男性而言，他们会做出如此过激的举动，也许是因为他们觉得自己缺乏身份感。几乎没有合适的场合允许他们摘下面具，倾诉他们内心的痛苦。在旧金山湾区有一个叫“男人哭吧”的互助组织，致力于帮助男人找到一个安全的地方，去寻找也许从童年后就再也没有出现的情绪。女人自杀的概率只有男人的1/2，但她们哭泣的次数则是男人的5倍。压抑情绪会增加心血管的压力，产生焦虑感，杀死脑细胞和损害记忆。我在自己的生活中发现，越是压抑自己悲伤的情绪，就越难拥有其他积极的情绪。所以，不管你是否喜欢美国前白宫发言人约翰·博纳，他常常在公众面前落泪这一实情也许对所有男人来说是一个好榜样。

男人选择要戴或不戴面具会产生一定的社会影响。当我们构思和设计卡斯塔罗纳度假酒店（第4章提到的一个奢华露营场所）的时候，我们公司正式创立了一个焦点小组，而那也是唯一的一次。因为那是一个新理念，我们决定成立两个焦点小组：一个小组由一个调解人和7名男性参与者组成，另一个则由一个调解人和7名女性参与者组成。目的是相同的，就是用文字和图片来介绍卡斯塔罗纳的理念。在调解人不在场的情况下，两个焦点小组都有20分钟时间来讨论和查看我们提供的关于露营场所的资料，而他们并不知道这时我们的开发团队正安静地坐在一面大镜子后面观察他们的动态。

在男子组，当调解人离开后，7名男性中有6名远离团队，倚靠在他们的椅子上阅读资料。剩下的那名男性则一直注视着其他人，似乎想发起一场讨论，但是其余6个人都对他置之不理。在这20分钟时间内，没有人说一句话。这并不代表这一群男人没有参与。有一半以上的人在做笔记，而坚强和独立的社交面具似乎扼杀了一切交流。然而在女子组却是完全不同的情况。所有的人都放下手里的资料，互相自我介绍，聊着各自的生活，然后开始共同探讨她们理想的卡斯塔罗纳方案。最后她们根据共同的愿望提出了方案，即把卡斯塔罗纳设计为一个奢华的水疗温泉。与此同时，男人组的每个人都提出了不少于 50 个类似于“你想过这样或那样吗”之类的问题。焦点小组的领导者说这其实很正常，因为男人通常更不容易把他们真实的自我和觉得应在他人面前表现的自我而戴的面具整合在一起（太多的“面具转换”）。

尽管如此，男人还是有很强的与人交流的能力。在我认为最不可能的地方——圣昆廷州立监狱，我看到男人们摘下了面具。我曾被邀请去观察一个叫作“透视监狱方案”（IPP）的非营利性组织，帮助一批 25 个定期见面的无期徒刑犯（大部分是因为杀人而要在监狱里度过余生）。鉴于我有一位亲人曾经在圣昆廷州立监狱被关了好几个月的冤狱，我听说过这个臭名昭彰的监狱里的痛苦生活。然而当我看着这些绅士（他们曾经是的）走进房间，正视着我进行自我介绍时，我认识到有些不同的戏码正在上演。

由于“透视监狱方案”小组的高超技术，这群凶狠的罪犯一点儿都不难相处。当他们挨个儿介绍自己的名字、自己杀害的人和犯下的罪行的时候，他们的语气都非常温和。好像他们粗犷的男性面具已经熔化，呈现出面具后面一个脆弱无助的小男孩。男人们流着泪讲述他们如何伤害了别人以及他们现在感受的故事。房间里的所有人都听得入了神。在谈话即将结束的时候，有一只蜘蛛爬到了我们围成圈的座位中间，有一个男人有点儿害怕地指着它，而另一个男人则冷静地把它放生到安全的地方。杀害它并不是他们的一个选项。

我们该展现自己的哪一面，是我们的一个面具，还是真实的我们，环境对此有很大影响。此外，这个监狱小组帮我看到了面具背后的柔美。关键就是要把自己从面具后面解放出来，不管谁在看着你，你都要做一个真实和可靠的人。

解析这个方程

正直 = 真实 × 无形 × 可靠

审查你的正直度。维克托·弗兰克尔说过："遵从你的良知行事。"你什么时候会给自己一些时间和空间来倾听你的良心呢？你会因良心在凌晨两点想跟你说话难以入眠而长眼袋吗？如果你不能发掘自己的良知，你可以问问自己以下涉及正直三要素的简单问题：

- 你通常运用什么工具或资源（包括率直的朋友），来帮助你深入了解自己，更加看清楚真实的自我？
- 你最后一次花费很多精力去做一件重大的事情却不要求

或期待任何回报（而且也没有因为没有受到关注而产生怨恨）是在什么时候？

• 以“你什么时候最能言行一致？”这一问题为标准，你会把你生活中扮演的各种角色，比如父（母）亲、恋人、员工、老板，怎样排序呢？你最能言行一致的身份与你扮演最好的角色之间有关联吗？

让正直成为你工作中的一个基础部分。最能让我们感受到私底下真实的样子和公众形象之间分离的地方就是工作场合。维萨国际组织（发行维萨信用卡的公司）的创始人迪伊·霍克认为，正直是创造一个健全的工作环境最重要的组成部分。谈到招聘，他说：“雇人和晋升都要把正直放在首位，其次是积极性，再次是能力，然后是理解力，再然后是知识，最后也是最次要的，才是经验。没有正直，积极性将很难存在，而没有积极性，能力就显得无力，没有能力，理解力就有限，没有理解力，知识就无意义，没有知识，经验就是盲目。”在我面试他人的时候，我通常会问一个问题：“请你讲出一个当你自己的价值系统与你的工作或你所在的团队发生冲突的经历，你是怎么处理的？”你也可以就这个问题问问自己。

看看《如果你真的了解我》这个音乐电视节目。伊冯娜和里奇·杜特拉·圣约翰创立了一个非营利性组织“挑战日”，旨在帮助那些在青春期里因为一心想要“融入”而充满压力的青少年能自在地做他们自己。这个音乐电视节目把它的工作制作成了系列电视剧，而其中每一集都会把我们带到一所不同的高中，在那里我们可以看到因为戴着太注重自我形象的面具所造成的负面影响，不管你是作为一名运动员、啦啦队队长、“情绪化的人”（非常戏剧化或情绪化的学生）、“瘾君子”、班干部、“乐队怪人”还是“上帝团成员”。在成人的情绪生活里，我们经常拿自己脆弱的内在和他人沉着的外在做比较，而非用心与之交流。我敢保证只要你看了一两集这个节目，就会被激励着在下次公司工作外聚会时进行一场一对一的练习：试着补充“如果你真的了解我，你就会知道……”这句话。

认清你的真实自我、理想自我和应然自我。请将一叠旧杂志放在桌上，然后拿出三张纸，在每一张上写下你的一个自我，在第一张上写下“我的真实自我”，第二张写“我的理想自我”，第三张写“我的应然自我”。在你的工作或家庭生活中，开始思考此时所有让你感受较强烈的你的真实自我、理想自我和应然自我。从杂志中剪下让你感觉最棒的照片，对应地粘贴在这三张纸上。做完后，再拿出三张纸，分别写上“他人的真实自我”、“他人的理想自我”和“他人的应然自我”。现在开始想象一下，其他人用这三种方式是怎么看你的：他们看到的真实的你、他们理想中的你，或他们认为你应该是什么样子的。如果这对你来说很困难或者很抽象，那就去想一个很特别的人，而且他的意见对你来说很重要。接着再剪下杂志照片，然后把那个人眼里的你的真实自我、理想自我和应然自我粘贴到纸上。完成这些后，你将有 6 张纸，其中 3 张代表你自己心中的自我，另外 3 张代表其他人对你的看法。这些看法是否一致？最大的分歧在哪里？你现在有没有试着去整合你的多重身份？你要怎样做才能找到更多的一致性？

乔治·艾略特有一句经常被引用的名言："努力成为你本来可以成为的人，永远都不会太迟。"威廉·莎士比亚也忠告人们"坚信自己是正确的"。这些对于仍挣扎于如何判别自己多重身份的人来说都是很好的建议。正直不仅仅是说要做一个有道德的人，它还要你在你所处的现实生活和虚拟生活中展现最真实的自我。最正直的人不仅仅要将他们的多重身份整合到一起，还要学着去除他们所有的符号，最终只剩下自己的本质。当你与那些活出自我的人在一起时，你能感觉到那份我们都渴望的纯洁、无邪和智慧。

第五部分

找到满足

知足是天然的财富；奢侈是人为的贫困。

——苏格拉底

第 15 章　幸福 = $\frac{\text{想要拥有的}}{\text{拥有想要的}}$

虽然在两岁前变得又聋又哑，但海伦·凯勒是难以想象的幸福模范。她于 1880 年出生在亚拉巴马州的一个种植园，学说话和走路的速度都比同龄人快。但就在她 19 个月大的时候，一场类似脑膜炎或猩红热的疾病夺去了她余生的视觉与听觉。

海伦·凯勒可以在没有尝到幸福滋味的情况下孤独地度过一生，但是她在良师益友安妮·沙利文的帮助下，排除会把她与世界隔离的残疾所带来的一切困难，成为美国首位获得大学学位的聋盲人。她还成了一位多产的作家与演说家，不仅战胜了身体缺陷，而且成了所有人的榜样。

如果说有谁有权抱怨生活的苦涩和无情，那个人一定是海伦·凯勒。但她却对此表示感恩，因为正是这些缺陷让她找到了她的使命。对于幸福的本质，她是一个较有深度的评论员。“很多人对真正的幸福的认识有偏差。幸福不能从自我满足，而要通过为崇高的使命服务而获得。”她还写道，“当一扇幸福之门关上时，另一扇就会打开；但是我们常常眷恋着那道关上了的门，而没有看到另一扇门已经为我们敞开。”

肉体和精神上的痛苦可以引导你去开启另一扇门，或让你更加珍惜生活。我有一个朋友，他曾经暂时性地失去了嗅觉，这让他更加珍惜自己拥有的其他感官和健康。无论是在打篮球时弄伤了手，还是在环球旅行之后感染了肠道寄生虫，我发现这些最大的健康挑战其实是在警告我，让我时时注意，以使我的人生更加圆满和幸福。

幸福常常披着不一样的外衣。美捷步总裁谢家华在自传体著作《三双鞋》中指出，大部分的幸福可以分为三大类：快乐、激情和使命。看起来好玩有趣的派对女郎或摇滚歌星扮相，充满了放纵的乐趣，但这是短暂的。快乐常常源于外界的刺激，因此人们不断寻求更强烈的快感。当你感到参与生命心流的热情时，激情驱动的幸福就此形成。最后，幸福会以平静或者有目的的极乐形式出现。当你超越本身需求时，它似乎来自比你更宏大的地方。

幸福已成为商界和政界领导者共同追求的目标。一些国家的政府在追求国内生产总值（GDP）经济指标以外，为他们的人民添加了国民幸福指数（GNH）。坐落于喜马拉雅山脚下的小国不丹，这个可爱的国家衡量的是能产生幸福的 4 大支柱、9 大指标和 72 个标准。虽然不丹政府的幸福指数调查得到了热烈的赞赏，但是世界上幸福感最强的国度主要位于斯堪的纳维亚和哥斯达黎加。脸谱网上甚至有一个用来计算世界人民幸福指数的应用程序。我们可能都渴望幸福，但其含义和实践却很难统一。

我认为对“幸福”的最佳描述出自海曼·萨哈特牧师 1954 年的著作《真正的生活欢乐》，书中提出了如下智慧：“幸福不是拥有你想要的，而是想要你已经拥有的。”他的灵感可能来自犹太教经典《塔木德》中的“知足者常富”，或许他是改写了苏格拉底的话“不满足于现状的人，对将来也一样不会满足”。许多宗教领袖认为，想要得到你拥有的要经过思考、行动和感知到最平凡的生活也是神圣这三方面。这事实上是一种意义深远的信仰。

你是否倾向于将幸福看作一种生活目标或一个物品，或者拥有的物品越多越好？我们通常认为，当我们满足自己的本能或欲望时就会幸福。是吗？我们对幸福的追求，不就存在于《独立宣言》，并潜伏于我们的基因中吗？字典把“追求”这个词解释为“充满敌意地寻找”。那么，你在追求幸福的过程中，是否也心怀敌意？我们确实能在实现目标和累积物品时获得乐趣。但是很多时候，那种要实现某种目的的想法和过程却比实现的目标更加令人感到幸福。

想要与拥有

这个方程也许有点儿不好理解。“想要拥有的”和“拥有想要的”

这两者有何区别?（我的一些朋友喜欢把这个方程简化成“拥有”除以“想要”。）来自宾夕法尼亚大学和斯坦福大学的研究人员对1200万个人博客进行了分析，并据此判断幸福感的产生来源以及与幸福感有关的其他感觉。高居榜首的关键词是“满足感”。事实上，列表中大部分共存的情绪都与感恩、和平或对生活状态的满意有关，这些情绪都可以归为“想要拥有的”阵营。剩下的一小部分，比如兴奋和乐观的情绪则可以看作“拥有想要的”这种类型。年轻人的幸福感多半来源于刺激感与对未来的设想，而年长者则倾向于将幸福与平静的现况挂钩。

这也是“U形曲线论”(《经济学人》杂志2010年的封面故事）在衡量个人幸福时出现的部分原因。人的一生中幸福感最强烈的年龄段是18~21岁，在这之后，幸福感逐渐递减，46~50岁时跌至谷底，而这正是焦虑和挫败感最强的时期。令人惊讶的是，之后幸福感会慢慢回升，直到80岁时人们会感觉比20岁的时候更加幸福。那么，让我们翘首以盼吧!

和所有的除法等式一样，提升幸福感的方法是增大被除数和减小除数。在这个特殊的等式中，掺杂着一些佛学的元素。在这个等式中，彻底消除对拥有事物的依恋会使人感到无限幸福。但我认识的一些最幸福的人却做着相反的事，他们渴望追求新鲜的东西，同时也学着用一个健康的被除数去平衡这些欲望，那就是珍惜自己所拥有的一切。

也许成功应该定义为“拥有想要的”，而幸福应该是“想要拥有的”。成功和幸福经常被混为一谈，但是成功是策略上的最大化和最优化，而幸福则倾向于对现状的知足与感恩。心理学家在临床研究中发现，幸福感当中最重要的一部分是表达和感受恩典。该调查同时发现，那些“策略上的最大化者”（受成功激励的人）的幸福感远远不及那些“知足者”。幸福的人更关注“舒适的生活”而不是“更好的生活”。

所以，这个等式也可以改写为：

$$\text{幸福} = \frac{\text{感恩}}{\text{知足}}$$

当你把赐予的幸福设想成会蒸发的一样东西，你在那一刻会更容易体会到感恩之情。幸福的人不像自恋者一样觉得拥有特权。在他们眼中，生活像一杯在炎炎烈日下的冰激凌，及时吃掉它要比你去寻找巧克力酱好得多。太多人过着策略最大化同时做许多事情的生活，而错过了很多美好的东西，就像约翰 · 列侬所说的：“生活就是当你疲于奔命时发生在你身上的事情。”

富人和穷人，欲望和需求

有些人认为口袋里多点儿钞票能令他们更快乐。这本无可厚非，但只适用于年收入 75000 美元以下的美国家庭。穷人的压力很大，尽管研究人员发现低收入自身并不会引发悲伤，但确实会引起一系列富人不用担忧的问题。

根据普林斯顿大学的一项研究，如果你年收入超过 75000 美元，你个人的脾气和生活环境带给你的满足感比金钱的影响更大。生活环境带给你的幸福感仅占 10%（包括你挣多少钱），而 40% 取决于你主观的行为方式和思维方式。值得一提的是，有 50% 的幸福感被认为是与生俱来的，这就像那些源自你家族遗传的身高和体重一样。

普林斯顿大学的研究人员还发现了高收入所带来的一个正面副作用：收入越高，人们对生活的感觉越好。研究表明绝大部分的人宁愿少赚点儿钱，但前提是比身边的人要多。位置消费论，即我们心中与他人关系的位置，成为我们对自己快速评判的一种方法。你愿意生活在周围大多数人的收入为 15 万美元，而你的收入为 10 万元的环境里，还是生活在自己的收入是 75000 美元，而他人的收入是 50000 美元的环境中？这是很多上了年纪的美国人考虑退休后搬到发展中国家去的一个原因（这也是造成墨西哥、哥斯达黎加和巴拿马沿海地区的房地产价格飙升的部分原因）。

我们跳上心愿的跑步机，作为一种追求幸福的方式。我们的目标不时地在变动，同时还要留意着别人的举措和自身膨胀的欲望。叫人无奈的是，我们越是把幸福当作靶心，我们就离它越远。而在这一路上，我们又混淆了自己的贪欲和实际需求。

实际上这种对幸福的需求是“假设式”（if-then）想法。我们相信如果（if）我们能达到一个目标，然后（then）我们自然会变得更快乐、更富有、更美丽，这个信念背后总有一个方程。有时候你一意孤行，认为眼下正在做的这件事对你的幸福有着深远的影响。但这些真的值得吗？有时候的确是，但更多的时候不然。问问那些一夜暴富实现最初梦想的彩票中奖者。通常，过不了几年，当他们的生活被新一轮的选择、挑战和欲望侵蚀后，他们的幸福感就会降至中奖前的状态。一项耗时 36 年的研究发现，维系一个四口之家所需收入的增长率与他们实际收入的增长率是一致的。有些人说这就是“双倍原则”，因为我们似乎习惯于索取比实际拥有的多一倍。这也是现今许多国家人们的实际收入虽然增加了，但是幸福感不比 50 年前高的部分原因。

保守派学者乔治·威尔认为，需求“在当代美国的定义是指 48 小时内想要的”，结果就是一个“需求与想要间的模糊”导致了“不必要的浪费”。总会有些东西是你需要而没有的，而生活中什么是你真正需要的呢？拿出一张纸坐在一个安静的角落，请思考片刻：“我生活中最需要的十样东西是什么？”我可以写出你的前 4 个答案，就是马斯洛“需求层次论”中基础的水、食物、睡眠和空气。如果你长期缺少这些生理需求当中的一项，你的生命就无法维系。试想一下，切断了其中任意一项的供应，或者想象像海伦·凯勒一样失去五种感官中的两个，你就会意识到生活真正的需求是什么。现在我们已经确定了 4 种基本需求，请填写其余的 6 个。现在你是否意识到你的需求也可以这么简单呢？

接下来，列出你目前最希望得到的十样东西。可能包括减掉 20 磅体重、一辆新汽车、一所更大的房子，或者只是从配偶那里得到更多的爱。有需求很好，但在很多情况下，需求是很不容易满足的。所以通常是当你得到你想要的东西时，才发现邻居比你更苗条、更富有，得到的家庭温暖也更多。我们都在玩这样的心理游戏，直到现在仍乐此不疲。

现在，是该换一种游戏的时候了。英国散文家约翰·卢伯克写道："幸福就像小提琴一样，需要不断练习。"倘若获得幸福的秘诀只是需要不断练习这种情绪，而不是奋力追求呢？

$$\text{幸福}=\frac{\text{实践}}{\text{追寻}}$$

幸福要如何实践呢？第一步就是弄清楚自己到底想要什么。和你练习高尔夫球挥杆动作一样，幸福也是可以练习的。在《幸福的方法：以科学方式获得你要的生活》一书中，作者索尼娅·柳博米尔斯基提出了一系列可以在生活中实践的方法。她的建议包括：经常表达感激之情，对未来的憧憬保持乐观态度，尽情享受生活里触手可及的幸福时光，坚定生活目标，巩固人际关系并作为你维系生命不可或缺的氧气。

用艰难的方式学习这个方程

正如我在第 8 章里提及的，我最接近死神的时刻发生在 2008 年 8 月 19 日，当我正在追寻我想要的东西的时候。我把那次在鬼门关走了一遭的经历当作万能之神在提醒我，应该更感恩自己现有的生活并放下手上单调的工作。

留意到这个信息，我意识到我在这个方程中的除数过大，于是我采取了以下两个步骤来增大被除数：首先，我将公司总裁一职（我首席执行官以外的职务）交给了我们非常能干的首席运营官。其次，我列出了与我生活不再有关的义务和“必做”的清单。其中一项意味着我从一个非营利董事会中辞职，另一项意味着放弃每周日收看美式橄榄球联盟的电视节目。这也意味我要少花甚至不花时间，在那些不能给我的人生带来乐趣的人身上。

这样的改变让我在生活中腾出大块的时间去做我想做或体验的事。我用更多的时间和儿子以及那三个可爱的孙子相处，还努力练习冥想和瑜伽。我逐步意识到该经营何种友情，并愿意花更多的时间和我的四个密友一对一地相处。我也重新开始实施每个季度进行一次为期三天的果蔬汁断食法。有时，人只有在失去后，才会感激已经拥有的。在结束断食后，我会非常振奋，在一定程度上是因为神清气爽。这也教导我：人必须知足常乐。

解析这个方程

$$\text{幸福} = \frac{\text{想要拥有的}}{\text{拥有想要的}}$$

每年腾出时间对“想要拥有的”做总检查。积极心理学家、著有突破性著作《真实的幸福》的马丁·塞利格曼提倡一种被称为“元月回顾”的年度实践做法。在新年过后不久，他会抽出一天的部分时间去关注自己生活中在下列几方面的满意度：爱情、工作、财务、娱乐、朋友、健康、创造性以及整体。然后他会根据每一类别在每年的变化画出一幅曲线图。我在做年度回顾的时候还把家庭和精神因素添加进去了，并花了些时间细细品味这些细节，试着想象如果生活中缺少了它们会怎样。比如你会考虑到和社区或精神组织的关系，闭上眼睛问问自己：“如果生活中少了这些方面，会变成什么样？”如果这些缺失能使你心情更好，用这样的年度检查，好好理解你生活中拥有这样的礼物也能成为启发和感恩的方式。

和幸福的人一起体味幸福。如果《福布斯》杂志报道了全世界最富有的400人后，也报道全世界最幸福的400人，那会是什么样？也许现在我们该探寻更值得的事情了。要不要列出在世界上任何角落里四个你最幸福的朋友、生意伙伴或家庭成员？如果可以抽出些时间和他们相处，你将目睹他们更专注于这个方程的被除数而不是除数。想想你在那四个人身上能学到的关键东西是什么，然后开始实践，并估量它对你的生活的影响。埃里克·霍弗写道：“当人们可以自由行事时，他们常常互相模仿。”经过证实，幸福是具有感染力的。哈佛大学的尼古拉斯·克里斯塔基斯发现，你朋友的朋友的朋友对你幸福感的影响比你口袋里额外多出5000美元更大。事实上，如果你的朋友是幸福的，那你也幸福的可能性会增加15%，而每一个较远的关系只会降低5%的影响。我们知道打哈欠和笑声会传染，现在你知道幸福也是会传染的。

创造正确的幸福栖息地。在《选择正确的池塘》一书中，经济学家罗伯特·弗兰克指出，我们会对自己身处的环境做出慎重的选择，因为我们的周遭对我们的欲望和需求有很大的影响。如果你身边的朋友或同事总是在追求全新的刺激和新鲜事物，这样可能会让你有挫败感，除非你也在不断地追寻某种目标。我知道身边那些A级的首席执行官不会是我的幸福之源。我有许多艺术家朋友经常入不敷出，而我则是常常诸事缠身。和他们当中的任何一个人共度一下午总是使我意识到人生缺乏的是时间而非金钱。生命的结束是因为时间耗尽，而不是金钱。他们也使我明白把钱花在一些亲身体验的事情上，而不是物质上，你就不会总是和邻居们去比较，因为那些经历是难以衡量和对比的。加之你在和别人分享你的经历时，那些感情上的联系和至死都不灭的回忆，都会积极地影响你的幸福感。

培养一颗感恩的心。如果积极心理学家的建议是正确的，即感恩在你幸福的蛋糕上是最重要的材料，那你应该着手去准备蛋糕所需要的材料。但是幸福问题研究专家索尼娅·柳博米尔斯基建议，在这个材料配比表里不能添加过多的“感恩”，因为这样就像蛋糕放了太多的糖。为值得感恩的事情写一本日记，它会让你更清楚生命中珍贵的东西能给你带来更多的幸福。但和你所爱的人一起度过有品质的时光比每周三次甚至更多时间去记录感恩更有意义。更好的是，如果你在日记里每周记一次感恩的心得，请记得在一周内向那些你提及的人表示感恩。感恩是提醒你“想要拥有的”最有效的方式。

如果本章需要一个小贴士，那就是“追求幸福时要小心”。幸福是随之而来的，刻意追求时要小心。法国小说家柯莱特对此有句忠告：“我的生活是多么美好，我只希望我能更早地意识到这一点。”当你以为幸福溜走时，其实它还在你身边。你要能看出它来临的形式，意识到生命中的宝贵礼物可能只有在失去后，才发现它们一直被我们忽略了。

第16章　喜悦=爱–恐惧

在出生时就被认定会夭折的西恩·史蒂芬森在一生中扭转了许多逆境。18岁那年，他患上了一种罕见的遗传病——成骨不全症，又称“瓷娃娃”，使得他骨折超过200次。他勉强长到3英尺高，生活在打一个大喷嚏或一次平常的跌倒都能导致严重伤害的世界里。西恩本应生活在一个保护罩里，避免遭受一切潜在的伤害，但恰恰相反，他成了世界上最受欢迎的励志演讲家之一，同时也是一位临床心理治疗师、作家、市场顾问、美国前总统比尔·克林顿团队的一员。

一生都被束缚在轮椅上的这位小人物（只是在身高方面），怎样创造出了一个满是喜悦、吸引力十足的世界？（如果你还没有看过他的舞蹈视频，你应该在YouTube上搜索“西恩”，来感受一下这位现年30多岁的大人物的乐观精神。）简单来说，西恩相信爱和恐惧是不能在同一时间共存的。他认为现在大多数人戴上了“恐惧护镜”来保护自己不再被这个曾伤害过我们的世界伤害。然而这种基于拒绝的方式去生活的人生会造成大量的爱永远没有机会进入你的生命。西恩曾告诉我：“我之所以活着，是因为我让自己的心变得强大，我已经养成爱的习惯。只是学着爱那些对我们好的人的话，我们不会成长。要学习去爱那些比较不可爱和对生活充满恐惧的人。以恐惧对付恐惧这种方法是不可行的。当我出于爱而做决定时，我从不后悔。当我出于恐惧而做决定时，我几乎总会后悔。”

西恩本来会过一种由恐惧主宰他与健康、财富，以及人际关系的生活，相反的是，他成了一位成功的企业家，包括与全球健美小姐及其健美运动员的丈夫一起制作了一段健身视频。很多像西恩一样经历过这种困境的人对成功人生都不做任何指望，但是西恩不同，除了在事业上取得成功之外，他还和一位聪明、美丽、“健全”的女士明迪·尼斯保持极好的关系。他们是一对模范搭档。西恩说：“充满爱的生活创造积极的行动力，就像人们在欣喜的时候会想要跳起来，或者去街上欢呼。喜悦是生命中最持久和最有力量的情绪，因为它是爱的代名词。”

喜悦是内心的一种展现。具有讽刺意味的是，如果我们愿意放弃寻找幸福，可能就会发现喜悦。自从我的公司命名为“幸福生活”后，这个词就有了特别的意义。把我吸引到喜悦一边的是与生活的积极态度一起出现的难以言状的欣喜感。中彩票可能会带给你幸福，但是看着一个小生命降生带来的则是喜悦。塞林格写道："幸福和喜悦的最奇妙的差别就是，幸福是凝滞的，而喜悦却是流动的。"

幸福可以让你微笑，喜悦更像一种"带动全身"的情绪，它有自发性和持久性的特征。我们经常说某人"喜不自禁"或是"喜出望外"，就是指这种表现。尽管幸福可能是不经意的瞬间，但幸福与喜悦两者有共同的根源，只是喜悦似乎是从我们内心深处涌现出来的。幸福是表面的，而喜悦是深刻的。

"爱中无畏，完美的爱可以驱除恐惧"

这个引用自《圣经》里的句子定义了我所说的"生活中容易消失的爱"。用饼图做例子。这个饼图被分成两部分：爱和恐惧。一个可以挤出另一个，这是世界上两种激进的力量。很多科学家认为，我们所有其他情绪都是这两种情绪的衍生物。作家格雷格·布雷登表示："情绪是驱使我们前进的力量来源。爱或恐惧是驱动的力量，驱使我们通过重重阻碍，跨越那些阻止我们实现目标、梦想及渴望的障碍。"马斯洛揭示出，在任何时刻我们都有两种选择：奋力进取或者全身而退。

想象一下你生活中一个需要你做出选择的情况。可能是决定辞去现在的工作开始另一段职业生涯，也可能是明知你的朋友不会接受你的忠告还要给他建议。不以恐惧而以爱为出发点来做这个选择，你会是什么样的心情？想想不同的选择对你的身体会产生怎样的影响？我们很容易选择恐惧这条路，因为我们经常会将过去的一段痛苦经历或过时的信念与眼前的事实联系起来。当你牙齿打战或者想要披上保护外衣时，就进入了我们所说的自我防御状态——恐惧。大多数人就在这种状态中度过了一生。难怪在时间长河里，我们的身体变得更加脆弱、僵硬了。

生物学家布鲁斯·利普顿认为，从进化论的观点看，我们总是面临两种选择：成长或保护。每天我们身体里数以亿计的细胞死亡耗尽。生物学机制显示成长和保护不能以最佳状态同时进行。恐惧会引发体内超过 1400 个已知的物理和化学反应，刺激我们体内 30 多种不同激素和神经递质的分泌。有这么多事情在发生，身体很难在防御状态下同时专注于成长（或爱），而恐惧会侵蚀喜悦。

现代生活的压力使我们长期处于战斗或逃跑的状态中。当受到恐惧刺激而处于自我保护状态的时候，生命持续能量的创造就会被抑制。

如果你是个典型的工作狂，经常到了牺牲私人生活的程度，你可能会想跳过这一章。但这种做法是错误的，这个方程与公司的环境也有很大关联。

恐惧在大多数公司是最普遍和最具感染性的情绪，尤其是在经济萧条时期。恐惧是一个反激励因素，它对创造和创新起着阻碍作用。如果我们将这个方程具体应用到企业界，它就是这样表示的：

创新=创造-玩世不恭

创新是喜悦，创造是爱。玩世不恭来自恐惧，二者意思相近。公司如果陷入恐惧，就不能发展创造力，而创造力是一个使组织具有创新性、能够适应不断发展的世界的动力。被时代抛弃的公司一旦陷入恐惧中，将会被 21 世纪的时代洪流吞没。因此，喜悦、爱和恐惧与你的职业生涯也是紧密相关的，正如你那充满爱的生活。

恐惧伪装成爱

恋爱的感觉通常是爱惧参半的。一开始，当我们敞开心扉时，心情无比顺畅，此时心中充满了喜悦之情。随后威胁我们的胆怯感就开始出现。或许对于我们的恋人来说，我们还不够好。或许对方不值得信赖。坠入情网的那种心情就像是爱和恐惧的混合体。有无数已婚夫妇的例子证实，他们是在人生最艰难的日子中相遇的，这就是爱与恐惧来临的最好时机。

有关爱和恐惧有一个著名的研究叫作“吊桥上的爱情”。这项研究是在加拿大不列颠哥伦比亚省的两座桥上完成的：一座桥相对安全并且过桥也很容易，桥身紧贴着静静的河面；另一座桥是为喜欢冒险的人建造的，悬于 230 英尺高的岩石和急流上，桥身为木质结构而且在风中摇摇欲坠，让过桥的人提心吊胆。

在男士们走到桥中间的时候，实验组安排了一位迷人的女士前去接触他们。她称自己为心理学研究者并请他们参与一项研究：要求男士们看她展示的一张照片，然后据此写一个虚构的故事。那张照片上是一个女人一只手掩着脸，另一只手向外展开的情景。她说实验意图是估算大自然对一个人创造力的影响。对于那些在桥中间选择加入实验调查的男士，她会把自己的名字及电话号码给他们，以方便他们了解研究结果。

研究者发现，在相对不安全的桥上的男士因桥太高而受到更多的刺激，进而把那感觉与“痴情”的感觉搞混了。因此他们更有可能因为爱慕的心理给那位女士打电话（这座桥上有一半的人是这样做的，而安全桥上只有 1/8 的人这样做了）。当我们的情绪高涨时，不管是出于爱还是恐惧，我们都会对当时的情况产生疑惑。我们的神经系统导致了生理反应，比如心跳加快、肾上腺素分泌增多、意识清晰、突然冒汗，甚至感到恶心，之后以爱的方式表白，尽管我们可能真的处于恐惧状态。可能那也就是我们坠入爱河的原因。这是我们人生之谜的甜蜜困惑。你是不是也曾经将爱和恐惧弄混过？

一名企业家的喜与忧

上面提到的所有生理反应，感觉兴奋、出汗、激动，都是我在 1986 年体验过的，那时我正在考虑创办自己的公司。我十几岁时人生的进展很顺利，在斯坦福大学读完本科，然后被学校里令人钦羡的商学院录取。在攻读工商管理硕士学位时，我是房地产俱乐部的总裁，而且还收到了拥有全美最完善制度的房地产公司的一份不可思议的聘书。但是我选择在旧金山一家特立独行的房地产开发商那里工作，薪水只有上述公司给的薪水的 1/3。我当时的逻辑是在我“长大”后，我想成为一个有创造力的房地产开发商，而最好的方法就是从这个领域里的大师那里学习门道，于是我拼命努力地工作着。

但是取得工商管理硕士学位开始工作一年后，我发现那份工作并不是我喜欢的。那对我是一个打击，因为我原先确定我走的道路是正确的，放弃财富和声誉，选择在一个地下室工作，管理一个具有挑战性的、翻新一栋历史性建筑的项目。在 24 岁时，我不知所措。如果你在工作中找不到自己的使命，就会向别处发展。对我来说，那就是学习怎样写剧本并且在大索尔的伊沙兰研究所受训成为一名按摩师。我是斯坦福大学工商管理硕士中，唯一在“长大后”预备要成为一名按摩师的。

我快过 26 岁生日时，终于决定做最后一搏，从房地产行业的初学者转向另外一个较少交易、环境更好并肯定更有创造性的行业。我决定开办一家精品酒店，希望能从投资者那里筹集 100 万美元买下在旧金山臭名昭彰、毫无魅力的田德隆区的一个无名汽车旅馆。当然，斯坦福大学商学院大多数有学识、有素养的朋友都认为我疯了。我对经营酒店毫无经验，也从未做过首席执行官。酒店面临破产与被银行收回的命运，它最大的商业客户是一个老鸨和她的女郎们。这样说吧，这地方在午餐时非常热闹，但它并没有一个餐馆。我的一个密友直白地对我说："奇普，我不知道你是大无畏还是真的笨，但我要警告你的是，这在你的简历上将是一个污点。"

所有恐惧的根源是联想。当我们害怕某件事时，会倾向于联想我们想要或不想造成的结果。我们的恐惧与我们认为结果对我们生活的重要性成正比。在成年后的全部时光，我一直致力于成为一名成功的商人，如今我的朋友和顾问却都告诉我，我即将毁掉自己的一生，或许更糟糕的是（在那时似乎是这样的），毁了我的简历。

我和阿特·诺尔库斯进行了一次谈话，他是一个不好相处的老板，也是我准备买下的汽车旅馆的主人。对于我来说，他不像那些满腹经纶或值得信赖的人一样对我有那么大的震慑力，当然，他说服我接下他那糟糕的生意对他有切实的利益。他坐在旅馆的豪华套房慢悠悠地喝着金汤力鸡尾酒，然后问了我这样一个问题："你人生中最大的恐惧是什么？"我想了想然后脱口而出："成为一个失败的人。"阿特摇摇头然后冲我神秘地一笑："那就去找一份公司的工作，小子。你会感到你成功了，这种感觉会延续到你 50 岁时，到那时你会和妻子离婚，找到一个年轻的女朋友，买一辆跑车，戴上假发。你会向全世界展示你是一个成功的人，但心底里你会感觉自己是一个失败的人，因为你选择了安度一生。那就是所有那些企业高层会买哈雷摩托车的原因，这样才会让他们感到这一生没有白活。"

我不知道说什么好，但是我完全和他的看法产生了共鸣。然后他问我："你人生中最大的恐惧到底是什么？"我请他兼任调酒师的妻子也给我调制了一杯金汤力。我抿了一口壮了壮胆，以下这些话便脱口而出："我估计我最大的恐惧就是对自己失望，因为我没有追求自己的梦想，为了不辜负众人对我的期望而窒息。"阿特微笑着说道："奇普，放下你的恐惧，你会被它释放你身心的方式震撼。另外，你可能会找到你生命中的爱，无论那意味着什么。"

就在那天下午，我做了最后的决定，扔掉了斯坦福大学工商管理硕士某天应该成为一家公司的首席执行官的想法。我要成为一个汽车旅馆老板（甚至不是酒店老板）。因为坦白地说，我喜欢这个旅馆，每次走到庭院想象它未来会是什么样子时，我就会激动得直起鸡皮疙瘩。当我感到恐惧消失后，正如阿特预测的，立即取代它的位置的是对这个奇怪企业的爱。不久之后，"幸福生活酒店集团"便成立了。

解析这个方程

喜悦=爱-恐惧

写下与恐惧共处的指南，一次考虑一件事。有时战胜恐惧最好的方法就是认为它是不符合逻辑的，当然这是最极端的方式。让我们想象一下，你的"喜悦"方程之所以显得脆弱，是因为你对财务没有安全感。发展出一系列的训练可以让他人更容易理解你对财务问题的重视程度。我的一位友人列出了下面这个训练表，因为他发现由于对财务的恐惧，他生活中的爱正在渐渐淡出。套用以下几条内容，看看有多少和你自身的情况相似：

1. 首先，给你的未来画一张最糟糕的蓝图。

2. 想想每一种财务困境能造成的最糟糕的情况。

3. 假设你对此情况无能为力。

4. 相信自己最终会面临失败。

5. 在恐惧中继续增加更多的经济责任。

6. 当这一切轰然崩溃的时候，想象一下你放弃你的一切和自由是什么样子。

7. 假设你的家庭没有你会支离破碎；如果你要求他们做出牺牲，他们会怨恨你。

8. 尝试告诉你的家人你已经精疲力竭，对这一切无可挽回。

9. 每当你开始有进展时，请牢牢记住这些，并且反复回想。

有一天，我朋友说一直困扰他的问题终于豁然开朗，因为他发现了面对折磨和压力的方法。他同样也注意到训练指南的大部分内容要么是错的，要么就是夸大其词。唯一能转化恐惧的方法是先正确地面对它。

向富兰克林·罗斯福学习。1933 年，在“大萧条”时期被选为美国总统之后，富兰克林·罗斯福对全国发表演说时说：“只有愚蠢的乐观主义者才会否定我们现在的萧条局面。”他同时也提及了幸福和喜悦："幸福并不是对于金钱的拥有，它来自成功的喜悦，来自对创造性工作的兴奋。在疯狂追求利润时，不要忘记劳动带来的喜悦和对精神的鼓舞。"当然，他继续说道："我们唯一应该恐惧的事物就是恐惧自身，那种无法言状的、莫名的、不知所以的恐怖，让我们突破它以获取进步的大量精力浪费了。"我们能从中获得什么启发呢？遇到困难的时候，我们要学会面对现实，但是不能被恐惧吞噬。迟疑的时候，专心想一下那些带给你幸福的事情。这样一来，就更可能把恐惧转化成爱。当我身处黑暗和恐惧之中时，我总是这样问自己："在这么多事务中，爱在哪里？"当你身处困境时，这是一个很古怪的问题，但是一定要记住，爱是可以帮你摆脱阻挠你成长与进步的那床厚毯。

实践吸引力法则。恐惧招致恐惧，而爱招来爱。人们都知道转换想法就能改变人生这个道理。对于个人和集体来说，情绪是动力的来源。体育团队的集体想法可以让他们一路赢下去或者一败涂地。如果你相信爱是与人沟通最重要的桥梁，你可能会在人生的道路上不断成功，而这是那些深陷恐惧泥淖的人不能想象的。从埃斯特和杰瑞·希克斯夫妇的著作《吸引力法则》中，我们可以得到一些教我们如何将爱反映在现实社会中的好建议。想要得到爱，必须先学会付出。如果想要得到他人的欣赏和关注，首先要学会欣赏和关注他人。这些能量非停即走。"富裕"（affluence）源于拉丁语"affluere"，意思是"流入"。让爱的河流融入你的人生，你将会看到富裕的喜悦就在后面。

如果有兴趣就动手做吧！按照这个方程的计算方法，当恐惧消失的时候，喜悦就和爱相等了。寻求爱可能毫无所得，但是寻求喜悦可能是获得爱的方式。几年前，我的公司要庆祝成立20周年，于是我决定举办一个喜悦派对。我们计划在加州邀请10000个名叫“喜悦”（Joy）的女性到旧金山海边的维泰莱酒店参加这个派对。前25位回应的参与者可以在派对当晚在酒店免费住宿，以便参加喜悦睡衣派对。我一开始向我的经营团队提出这个建议时，他们都持怀疑态度。为什么要在这些甚至不是我们客户的人身上花钱呢？但这个与公司同名的情绪，我们公司竟然用了20年的时间去证明它的意义与责任。最后，125位名为“喜悦”的人，以及他们的家人和朋友一起在喜悦的气氛中结束了那个派对。令人不可思议的是，这些陌生人互相分享“幸福经历”，大家很快变得熟络，就像认识了很久的朋友一样。派对上你也可以看到许多喜悦的泪水流下。这就像一个爱的大泡泡，融入者不仅有这些叫“喜悦”的人及其家人，同时也有我们的员工。这样一个派对让我的员工更清楚酒店名字所代表的含义，也坚定了他们需要为顾客创造更多喜悦的使命。作为“吸引力法则”一个小小的证明，因为大家对这个派对的口碑很好，我们的酒店接到一家公司为员工举办活动的订单，我们因此获得的收入远超过派对的开支。那天晚上我在回家的路上，感觉心中充满了爱，对这个世界没有一丝恐惧。当你拥抱喜悦的时候怎样放下担心呢？在喜悦的另一头就是满满的爱意。

20世纪70年代，杰拉尔德·扬波尔斯基博士在这个议题上写了一本非常有创意的自助书《真爱无惧》。以由灵性转化为课题的自学课程“奇迹的道路”为例，扬波尔斯基博士认为我们花了很多时间将外界视作一切的起因，将自己当作受影响者。当我们逐渐摆脱过去的恐惧阴影，不再感到空虚，而是处于一种充满爱的状态时，我们倾向于改变过去的那些习惯，去选择爱而不是恐惧。爱就像一种电流，我们可以选择关闭或者打开，这一切只是基于我们是否愿意生活在黑暗的恐惧之中。只要我们生活在爱中，喜悦的情绪就会缓缓流入。

第 17 章　活力 = $\frac{\text{积极的频率}}{\text{消极的频率}}$

（活力比例等于或大于 3）

在 1964 年 4 月的审前辩护中，纳尔逊·曼德拉发表声明说："我已经把我的一生献给了非洲人民的斗争，我既为反对白人种族统治进行斗争，也为反对黑人专制而斗争。我怀有一个建立民主和自由社会的美好理想，在这样的社会里，所有人都和平相处，人人平等。我希望为这一理想而活着，并去实现它。如果有需要，我也准备为它献出生命。"南非的法官赦免了曼德拉，将死刑改为无期徒刑，这是对叛国罪刑罚的特例。曼德拉的牢狱生涯长达 27 年，其中 18 年是做苦役，待在一个狭窄的没有马桶和自来水的牢房里，他的这一经历中没有任何可以表明活力或者积极性的词。尽管如此，现在看来，他就是乐观主义的标志。

培养积极性是内心选择的结果，而曼德拉并不是那种高高在上、向世人表明他是如何迎难而上的人。他没有受到自怨自艾、悔恨、不满或其他情绪的影响，反而变成积极的化身。他在罗本岛监狱的那几年里，他自爱又尊重他人、善良却刚毅的性格启发了所有认识他的人，他的应变力和生活态度也影响了他的狱友。在成为南非人民心中的传奇人物时，他悄然而又主动地面对生命中的种种磨难，让自己成为囚犯及狱卒的师长、导师、领导者与朋友。

被释放以后，曼德拉获得了诺贝尔和平奖，于 1995 年建立了真相与和解委员会，让南非人民看清了自己的国家，揭露了黑暗的历史，也抚平了白人与黑人对罪恶和暴行的怨恨。当选南非的新总统后，曼德拉任命图图大主教管理这个委员会，举行听证会允许公众讲述自己的经历并且进行适当的安抚和赔偿，施暴者站在为他们所犯罪行负责任的立场上请求赦免而不受牢狱之灾。这种开创性的举措也具有争议性，有些人并不接受。但是这项对整个国家和人民心中的创伤具有治愈性的积极举措，成为面对不可能的痛苦时去寻找什么是可能的一个标尺。

著名诗人玛雅·安热卢富有表现力地描述了她是如何在生活中创造活力的：“我已知悉，无论今天发生什么、看起来多么糟糕，生活还得继续下去，相信明天会更好。我已知悉，你可以从一个人如何处理这三件事上对他增加许多了解：一个下雨天、一个丢失的行李以及那些缠结在一起的圣诞树灯……我已知悉，每天要伸出援手助人和关怀……我已知悉，人们会忘记你说过的话和你做过的事，但是人们不会忘记你带给他们的感受。”

难道不是这样吗？在人生的牌局中，我们如何估算自己的人生价值取决于我们怎样看待自己抽到最好与最差的牌。然而，现实生活中的琐事及我们怎样去处理它们才是为我们生活添加的味道。最终，我们如何面对天天出现的交通拥堵，可能比一辈子发生一次却让我们痛苦两个月的健康问题更能影响我们的生活。

有种医学上的病症叫“长不大”（FTT），这是指一个婴儿因为种种外部或内部的因素不能正常成长。“长不大”也能定义为像干涸的池水一样停滞不前的公司文化。2010 年，盖洛普的一项调查发现，美国有经济活力的各州与其居民对生活表示积极与乐观有高度的关联性。尽管这个方程被定义为“活力”，但它实际上也可以简单地看作积极性。

很多研究者同时发现了积极因素所占比重的重要性。这是一个较新的现象，因为心理学家过去大多关注人们心理上不正常的问题而不是正常的心理因素。

1998 年，心理学家芭芭拉·弗雷德里克森写了一篇名为“积极情绪有何好处？”的论文，并据此完成了《积极情绪的力量》一书。从历史观点上说，消极的情绪被证实有一些渐进的好处，能帮助人们生存。相反，除了对想要生育的影响，积极情绪的作用却不那么明显。

弗雷德里克森在书中认为，积极情绪能够对进入某种期望的状态产生深远的影响（她关注的10种情绪是喜悦、感激、平静、兴趣、希望、自豪、娱乐、灵感、敬畏以及爱）。比方说，喜悦能引起游戏与创新的想法，兴趣或好奇心能引起探索与学习的想法，而平静让人们享受现实的处境。不像消极情绪那样总让人们看到狭隘的一面，积极情绪让我们更强烈地感觉到成功的可能性，并让我们深入挖掘自己的才能或者特质。

这项研究涉及的领域得到了商界的广泛证实。管理理论学者根据职场经验指出积极情绪能影响生产率，因为它创造了一种螺旋式上升的势头。同样的情况也可以出现在体育运动、我们的感情生活，以及我们与自身的关系上。积极情绪是拥有极强恢复力的关键。

情绪和方程的合并

弗雷德里克森从积极情绪中学到的越多，她就越想拥有一个工具来帮助人们有效地评定积极情绪的价值。幸运的是，她联系上了马西亚尔·洛萨达，洛萨达建立了一个数学模型，用来解释为什么有的商业团队可以获得成功而有的却不能。洛萨达研究了这些团队并且跟踪调查了它们会议中的关键变量，例如通过判断人们说话时是积极的还是消极的，是以自我为中心的还是以他人为中心的，抑或主要是质疑的态度还是坚决拥护的态度。他在对许多团队做了调查研究以后得出结论，当积极性与消极性的比例是 3：1 时是个转折点。一旦一个团队的这一比例超出了 3：1，就容易观察到积极性对员工和顾客满意度以及利润的影响。

弗雷德里克森以渐进式的理论为基础，并且通过实验得出了相同的结论。当我们生活中的积极情绪或其影响力是消极情绪或其影响力的 3 倍时，就会产生多米诺骨牌效应，好的东西不断衍生出更好的东西，我把它称作“胜利的势头”。

世界知名的婚姻心理学家约翰·戈特曼，在浪漫夫妇中间也发现了同样的规律。他在《婚姻的数学：动态非线性模型》一书中表示，关系稳定的夫妇的积极性因素是消极因素的 5 倍（因素在这里可以定义为能够观察到的表情），而那些后来离婚的夫妇的这个比例只有 0.8：1。通过观看夫妻 15 分钟的对话视频，戈特曼就可以 90%~95% 地确定他们的婚姻是可以继续维持还是走到了尽头，这主要取决于他们对话当中积极性因素和消极性因素的比例。要理解这个方程，你可以估计一下你婚姻中欢声笑语与吵架冷战的比例。

心理学家达谢·凯尔特纳发明了一个词——“仁率”来发扬儒家“仁”的概念，它糅合了人性、慈悲和善良等多个因素。将自己、别人和生活中好的一面展示出来就是“仁”。因此，仁率中的分子就是在某一特定时段我们慈悲慷慨地对待别人，对他人产生了积极影响的次数，而分母就是我们自私而又阴险的次数。

最后要指出的是，丹尼尔·卡尼曼和阿莫斯·特沃斯基的划时代心理研究支持以上所有结论。他们揭示出我们生命中的损耗和消极经历对我们的影响是积极经历对我们影响的2~4倍。比起积极因素的重建作用，消极因素对于人的心理具有更大的破坏作用。这也是我们的数学等式中需要把积极因素定为消极因素的3~5倍的原因，因为少量的消极性会抵消掉大量的积极性。

让我们把这个发现运用到我们的实际工作中。在一个以恐惧为基础的工作环境中，每当你因焦虑或沮丧而苦恼时，一个健康的做法就是去找至少三个积极因素与之抗衡。这包括与老板一起吃午餐、两个小时安静地去做喜欢的项目，或者阅读一些顾客积极性反馈，让你对自己和团队的方向更有信心。这些听起来似乎十分简单，但是根据凯尔特纳的研究，至少80%的人的积极性因素没有达到消极性因素的三倍。即使如此，设定这样一个目标也会起些作用。

积极性不是否认现实

现在你们都知道了积极性的圣杯就建立在“三倍的效应”上，但你也许会曲解这个规则。你可能在想：“我现在所需要做的就是凡事往积极的方面想并且忽视自己生活中遇到的一切消极的事。”可是为什么我会在本章一开始选择介绍纳尔逊·曼德拉的事例而不是一个积极形象的伟人代表，比如诺曼·文森特·皮尔的生前事例呢？曼德拉似乎遇到了前所未有的挑战，但是作为一个和平缔造者和世界领导人，他探讨深层的问题而不停留在表面，追求内在的觉知而不否认现实。实际上，他善于将本身的困境作为拥抱生命中积极因素的一种方式。

让我们先弄清积极思考和积极情绪的区别。积极思考可能带来积极情绪，但情况并不总是如此。实际上，建立在不切实际的期望上的积极思考会带来更糟的结果。期望越大，相应的失望也可能越大。芭芭拉·弗雷德里克森了解到，不现实的积极思考，比如在你状态很差的时候告诉自己一切都好，会导致一个错误的积极情绪并且让人深受其害。怀疑论者、《明亮的双面》一书的作者芭芭拉·埃伦赖希认为，美国人在商业、宗教、心理学、健康医疗等方面不切实际的积极性已经把我们推向了如奥威尔《一九八四》一书中所形容的世界末日。

盲目乐观、假开心和自我陶醉不是我们讨论的重点，批评性思考和活力也不是对立的。实际上，懂得正视你面临的挑战，然后想象如何面对这些挑战，估计你所选择的道路是否明智，可以帮助你减少焦虑感，而不至于让自己卷入消极的旋涡中。一百多年前（1912年）泰坦尼克号在首航中就沉没了。真希望那艘“永不沉没”的轮船的设计者和制造者能够多用点儿批评性思考。他们只准备了船上半数人的救生船，因为觉得发生灾难是不可思议的事，结果这种思维带来了巨大的灾难。

否定那些不可思议的事并不能解决问题，可是紧抱不放也不是办法。想要过丰富的人生需要付出实际的行动、不断练习以及创造长远收益的条件，而不是简单地相信通过思考就能把你转化成积极向上的人。这在紧急情况下最显而易见。

回想一下你听到一个坏消息或噩耗而感到人要瘫痪的时候。消极情绪迎面扑来，将你压得透不过气。用积极情绪去对抗消极情绪通常不会有太明显的效果。当你的情绪朝着一个方向失控地旋转时，想要通过精神自身的力量让它朝另一个方向旋转几乎是不可能的。通常情况下，这样只有思维、缺乏行动的模式可以写成方程：**恐惧+沉思=焦虑症发作**。

与此相反，你可以退一步，想想怎样才能用实际行动来刺激与施予和爱有关的积极情绪，就像 2011 年日本东北部发生地震和海啸的时候，救援队毫不犹豫地伸出了援助之手，为当地的重建献出自己的力量。同样，在日常行为中灌输培养积极情绪的意识，例如祈祷或者经常表达感恩之情，就像是不断地在你的情绪银行投资，以备不时之需。

改变习惯就可以改变情绪

通过改变组织内部的“心理健康”，你也许可以改变整个世界。我从亚伯拉罕·马斯洛的日志中学到了这个奇怪的词语，我认为它很准确地说明了每个组织中都会有的文化和心理的无形资产。一家公司在艰难时期知不知道如何振作起来？在“办公室烈火”中，从每个人毛孔中渗出的心理汗水让它变得臭气冲天了吗？

2002 年，当时在旧金山湾区深受互联网泡沫破灭的侵袭时，我改变了每周例行经理会议的方式，将焦点放在公司员工的心理健康上。那两个小时汗流浃背的会议确实有点儿残酷。我们竭尽所能去避免裁员，但是我们有点儿力不从心，因为我们无法支付整家公司那么多人的薪水，而酒店的收入却在逐月减少。我们已经到了被诊断出“长不大”症的边缘。

我想到了一个改变会议室内负面焦点与能量的方法：在座的 15 位成员每人都可以具体提出一位值得表扬的员工。经营副总裁提名了雷克斯酒店的行李员乔。在酒店仅有的电梯抢修期间，客人们被迫提着行李爬楼，有的要爬 7 层楼，乔连续两天每天工作 16 个小时。乔不得不将他回家休息的时间也用来工作。尽管他额外的工作赚到了外快，但同时放弃了与家人团聚的宝贵时间。

刚开始的时候，参加每周例行经理会议的领导还有些不好意思举出勇气十足和道德高尚的实例。但是经过一段时间的熟悉以后，虽然大家还不免紧张，但这些会议都能在对心理健康极有价值的昂扬情绪中结束。它帮助提醒我们的高层领导在度过这个经济困难期时，每天仍然有员工为我们创造喜悦的使命树立榜样。日子虽然不好过，但是积极乐观的涟漪却带给了我们希望，我们并不是白痴，我们的工作并不是徒劳无功的。

连乔都感到惊讶，因为经理竟然注意到了他那两天工作了 32 个小时的事。乔在经理会议上获得表扬后，有一位经理甚至直接走到他面前向他表示感谢，乔因此有好些天都流露出积极的情绪。而他身边的所有人，包括一起工作的员工、宾馆的客人以及家人，也都被他影响了。因为我们建议另一个部门的一个高管（市场部副总裁）向乔表达感激之意，所以我们在这两个部门之间荡开了积极的涟漪。在经济不景气时期确实会出现很多互相指责的声音。经营部责怪市场部，市场部指责销售部，销售部推给信息技术部，信息技术部埋怨会计部，最后全部都赖人事部。这个简单的跨部门表扬的做法打破了因为快速成长与焦躁所引起的日益高涨的部门主义。

积极性不一定是指非凡的大事，但是在日常生活或组织中养成能保持下去的新习惯可以传导给其他人，产生一种“蝴蝶效应”，将积极的涟漪扩散至全世界。从个人层面来说，你所处的职位越高，你建立的积极性在组织中产生的效应就会越深越久。

解析这个方程

$$\text{活力} = \frac{\text{积极的频率}}{\text{消极的频率}}$$

做一个积极性的自我测试并且登录www.positivityratio.com查找更多的信息。芭芭拉·弗雷德里克森创建了这个网站，她运用20个简单的问题帮助你测试自己的积极性。和其他的测试一样，这只能代表你当下的情绪状态，所以建议你在连续几周内多做几次测试。10 大刺激积极性的情绪包括喜悦、感激、平静、兴趣、希望、自豪、娱乐、灵感、敬畏以及爱，而 10 大消极情绪则是愤怒、羞耻、鄙视、厌恶、尴尬、内疚、厌恶、悲伤、害怕以及压力。我第一次做这个测试的时候，失望地发现自己的得分在 3 以下，这决定了一个人是否处于向上的积极螺旋中。但是在检讨自己的得分时，我意识到这个测试中的除数（消极情绪）是如何主宰并毁掉了美好的一天的。所以，当我发现进入了疯狂的境地，并且对自身的全部情绪和产生这些情绪的因素完全麻木时，我就采用这个测试赶快了解内心真实的想法。

花一天的时间列出一个积极性与消极性的清单。往你的口袋里放至少 30 根橡皮筋。在一天中，每当你开始以积极的（或消极的）方式思考的时候，就将一根橡皮筋套在你的左手腕（积极）或者右手腕（消极）上。不要因为一次的结果而责备或者提醒自己。只需默默地把橡皮筋套在手腕上，继续你在做的事儿。如果你刻意去注意它，这个方法就不灵了。举个例子，你的朋友打电话告诉你她在工作中得到了晋升，假设你的反应是平静或激动，而你的心情是欣赏或者关心她，那就在左手腕上套一根橡皮筋。但如果你的反应刚好相反，有一点妒忌，就套在右手腕上。在这一天将要结束的时候，将你的左手腕举起来与右手腕比较。它们的比例接近 3：1 吗？这一天中哪些时段积极或消极情绪的得分较高呢？有没有某些特定情况你觉得应该在某只手腕上多套几根橡皮筋呢？更可能的情况是，你会发现要做到左右手上橡皮筋数量比为 3 : 1 是相当困难的事情。当我开始探究而不是直接反应时，我的消极情绪就得到了缓和。跟立马变得妒忌心十足相比，我更好奇这种情绪产生的机制。好奇心让我用幽默的态度去面对我习惯性的反应，这样做可以有效地防止我把更多的橡皮筋套在右手腕上。

辨别生活中的某个消极元素，并且真诚地向它施加积极性。如果你讨厌上下班的交通时间，你会怎样用不同的经历来改变这种消极能量呢？这是不是一个通过收听语音课程学习一门语言的好机会呢？在这 30 分钟的上下班时间里，你是不是可以打个电话（借助耳机）向你的两个朋友表达一下感激之情呢？试想一下你生活中可以创造的积极涟漪。也许你对假期感到沮丧，因为你总是会花很多钱，大部分时间又与一些你不熟悉或不太喜欢的亲戚在一起。从前面所提到的 10 种积极情绪中选取两种，在你下一次家族年度假期中仔细体会。如果你对岳母的家族史或者叔叔收藏的啤酒杯产生了浓厚的兴趣，那会是怎样一个情景？你能否提出几个有创意的问题从而更深入地了解他们？也许你接下来关注的情绪是感激。你可以向家人表达你的感激而不会让他们觉得突兀的方式有多少种呢？尝试一下，你会惊讶于各种活力的出现。

将约翰·戈特曼的研究运用到你的人际关系中。约翰·戈特曼发现行为婚姻疗法的持续效力通常来自以下三种策略，其中前两种是增大被除数，第三种是减小除数：（1）在二人没有起冲突时创造积极的因素；（2）在你们起冲突的时候增加积极的因素，换句话说，就是当你们的意见相左或者在困难时期寻找积极的方式进行沟通；（3）在解决冲突时减少消极性的因素，也就是说，不要说一些你事后会后悔的话。我的一个朋友和妻子每天晚上都会有一个小小的仪式来表达对戈特曼 5∶1 这个爱情密码的尊敬。每天晚上睡觉前，他们都会向彼此诉说他们真心欣赏对方的 5 件事情，或者列举对方积极的品质。睡前运动一下你积极之爱的肌肉可以让你们的感情更长久，而如果你已经有了孩子或打算要孩子，这个就更重要了，因为戈特曼在与数学家联合研究后发现，伴随着第一个孩子的出生，婚姻冲突会增多 9 倍。所以，在失眠一个晚上后，你们也许可以在早上把它再做一次。

里克·汉森博士发现，对我们的大脑来说，消极的情绪就像魔术贴，而积极的情绪就像特氟龙。换言之，消极性元素让人更不易摆脱，而积极性元素像是鸭子背上的水一般容易流走。所以你有哪种情绪主要还是取决于你自己选择的视角。即使在最困难的时期，我也试着问自己："如果我一生中都没有错误会怎样呢？如果从这次不好的体验中，我们注定会学到积极的一课呢？"这就让我进入最初的方程：**绝望=苦难−意义**。当我感到困惑的时候，我知道找到意义的所在是我步入积极性的捷径，而这正好让我们进入下一个命题：信仰。

第18章 信仰 = $\frac{\text{信念}}{\text{智力}}$

当你感到疑惑的时候，去请教比你聪明的人吧。如果没有事先请教过专家，我就不会去尝试探索信仰的含义，也不会试着从这个深奥的主题中净化出一个方程。幸运的是，2010 年 10 月，一位藏传佛教高僧访问斯坦福大学“同情和利他主义研究与教育中心”时，我有幸跟他在一起待了两天。其中有一天，我们当中有一个大约 25 人的小组被邀请去问他问题。过去 50 年来，他向全世界传播和教导佛学。他对神经科学产生了浓厚的兴趣，尝试着去了解冥想是如何改变大脑功能的。

我问他的问题是：“信仰和理性是否有矛盾？”首先，他说那些认为“要找到信仰，就必须把所有的思想都抛掉”的宗教领袖都是在走邪路。他告诉我，佛祖曾对他的信徒说：“不要仅仅因为信仰而忠诚于我，最好要想清楚。”但是不管什么时候，当我们变得太依赖智力时，就会失去和自己心灵智慧的联系。信仰开采心灵的智慧，智力挖掘思想的原因，而信念是心灵和思想的交汇点。

思维活跃和心灵成熟是通往信仰的正途。不幸的是，我们当中的大部分人都有心灵或者思想上的苦恼，因为我们太依赖盲目的信仰或合理的原因。对他来说，探索精神层面（宗教信仰想要做的事）就是去发现思想和心灵的新性能。

宗教主义和无神论的同步上升是否可能是它们相互的反应呢，一个过度重视信仰，另一个过度重视理性、信念或质疑？我认为，信仰和质疑就像生活在街对面的邻居。信仰似乎总是面带微笑，但邻居们只是想知道她是不是得到了所有的弹珠。质疑老是愁眉不展，似乎总是陷入深度的冷静和理性思考中。信仰屈服了，质疑则继续奋斗，二者的平衡让我不会在天真和玩世不恭的道路上越走越远。它们是双胞胎同伴。我认为，信徒和无信仰者之间的战争是一部关于神秘的情感剧。我们想往杯子里倒入多少确定性呢？大部分人都介于那些对自己宗教里字面上的基本事实很肯定的人和那些肯定这个世上没有神的人之间。

讲解这个方程其实需要很大的篇幅，短短的一章根本说不完。所以在这节讲到满足时，我只会告诉你我个人对信仰的观点。这对你可能有用也可能没用。对我来说，信仰给我的心灵和思想都带来了满足和提升。有些人，就像让–保罗·萨特，也许会相信我正在填一个“形似上帝的洞”，那就是我对那些无法解释的、不合时宜的、我自己弱点的防御。我不认为信仰是掩盖乏味生活的微不足道的尝试。相反，我认为它能拥抱生活中真正有意义的东西。

把我们的定义搞清楚

在开始讨论之前，让我们先对我们的用词下个定义，尽管在谈论这些生活的基本要素时语言是有限的。信仰和信念经常被当作同义词，但其实前者是一种可能没有明显证据的信赖，而后者则混杂有经验证据。像理查德·道金斯这样的无神论者就提出，信仰是“没有证据的信念”。动机心理学导师格雷格·布雷登把信念定义为“接受我们脑子里认为是真实的东西和我们心里感觉是真实的东西后所产生的一种确定性”。

听音乐的时候，我们可以用逻辑来理解歌词。如果我们认识音符，就能看明白乐谱。但是当一段音乐触动我们心灵的时候，仅靠知识是不能创造出填满我们心灵的精神提升的。希腊人把这种洞察力称为“意向作用”，也就是一种能即刻感觉到事物的能力。信念感觉像是来自一个超越心灵和思想的地方，因为它把我们所有的感觉都融入其中了，包括直觉第六感。

社会科学家乔治·瓦利恩特提出，信仰来自信赖的情绪，而可能来自第六感的信念事实上是一种认知。我们所有人都会信仰或者信赖某些事物，无神论者也一样，信仰存在于他们的思想中、本质中、宇宙中，以及所有事物中。我们倾向于把信仰和宗教上的讨论联系在一起，但是区分信仰和信念其实有很多种方法。例如，我站在要攀登的岩壁的下面，告诉某人："我相信我刚刚学习的攀岩技巧。"但是当我攀爬了 50 英尺后，我可能会想（如果没说出来）："我对这些攀岩技巧产生了信仰。"也许信仰是有"筹码"的信念。如果要看我们怎么运用我们的智力，也许我们永远不会攀岩。

你可以问自己一个简单的问题："我的信仰是什么？"或者，让它变得有趣一点："信仰与你的信念相比有何不同？"我的信仰是，就算我是你最后一个会考虑雇用的电工，只要我后院的写作小屋的电力是安全可靠的就行。我的信息是，我曾雇用过的电工都是可靠的，在颁发小屋居住证书之前，城建检查员已经彻底检查过他们的工作。在一个工业欠发达的国家，我可能没有那样的信仰，因为我对他人的能力存在不确定的信念。

当我们的信念改变时，我们对事物的信仰也会受到影响。我曾经看到一些朋友，包括医生，由于他们对人体的信念系统发生变化，他们在医学方面的信仰也从西方的手术模型转变为东方的整体研究。你越是把人体当成机器看，你就越有可能信仰西方医学。那些把人体看成一种能量系统的人，可能会与针灸以及由信念系统而自然形成的东方系统产生共鸣。回想一下你生活中一些根深蒂固的信仰，就会看到有一根纽带联结到支撑这个信仰的信念系统。

世界宗教学者卡伦·阿姆斯特朗在她的力作《上帝的真谛》中警示大家，信仰（和宗教）是"从来不该用人类所拥有的理性能力去解释的"。那是智力要做的事。希腊人认为看待生活的方法有两种：通过神话故事和通过理性。这两种方法都很重要，但是神话故事（迷思）是用来隐喻那些通常很难了解或者解释的在生活中无法触及的东西。理性创造了生活的逻辑，教我们每天怎样过日子。然而，我们现在生活在一个充满理性的世界，神话一般被认为是不实的。我们已经融合了理性和神话的世界，并且把它们丢进了一个泥泞的摔跤场中，这里强大的智力的胜算比无形的信仰高出很多。

信仰和信念纠缠不清，看起来像是一体的、一模一样的，但它们是表亲戚，而不是双胞胎。那种变化同样也改变了我们对信念的看法。许多宗教极端分子现在不再把《圣经》看成一个隐喻的故事（目的是跟全世界的人说话并且给我们的生活带来意义），而是用教义作为信念的检验方法。在一些宗教场所，你要么逻辑上必须相信一切教义，要么就是一个无信仰的人。

那样就干扰了这个方程。让我们来看一下这个等式。如果你认为信念是心灵和理智的结合，并将心灵（代表信仰）赋值为 3，理智（代表智力）赋值为 4，那么这个方程将会得出这个值：$3=3\times4\div4$ 或者 $3=12\div4$。但如果我们把智力（左边等式中的 4）去掉，那就剩下“3=3”或者“信仰=信念”。这就是很多无神论者会认为信仰宗教的人没有智力的原因。但并不是说信仰宗教的学者和聪明的有信念者不多。我一直都很钦佩量子理论科学家，他们拥有哲学和物理学的双学位，不言而喻，这承认了两者是相互依存的。虽然智力被放在了除数的位置上，但并不意味着智者就不会充满信仰。等式中的各部分只是分别有点儿偏向信念、信仰或者智力而已。一个非常理智的人可能不会那么充满信仰，但并不代表聪明的人就不能有信仰，也并不意味着有信仰的人就没有高智商。

阿尔伯特·爱因斯坦曾说过："我们能够体验的最美妙的情绪就是神秘感。真正的艺术和科学正是源于这种情绪。如果一个人对这种情绪形同路人，那就和行尸走肉没什么区别。要知道很多我们无法理解的事物真的存在，它们向我们展示着最高的智慧和最耀眼的美，但是我们迟钝的感官只能理解到它们最原始的形态。这种认知和感觉是所有真正宗教信仰的核心。从这一层面来说，也只有在这个层面，我才是虔诚的宗教信仰者。"当今时代的信仰需要重新捕捉这种奇迹感。

一个理性永远胜于神话的时代也同样干扰了这个方程。就像在情人节送给某人一个方程，世上会有更多出众的方式来表达爱。

信仰能够赋予你什么？

如同理性一样，信仰也是有限度的。马丁·路德·金曾经使用过一条关于信仰的古老定义："信仰并不要求任何信息、知识以及确定性，而是对于未曾感受过、未曾尝试过和未知的善的一种放纵的屈服与愉悦的一搏。"而这其实与宗教极端主义者的观点相左。信仰并不能解开我们所有的疑惑，有时可能只是让我们愉快地忽视了问题的存在。即便如此，像萨姆·哈里斯这样的无神论者也承认："信仰能让我们当中的很多人平静地承担起生命中的苦楚，而这是我们在纯理性的世界中力有不逮的。”你是怎样对待生命中的非理性一面的，你会去唤起心中的信仰吗？如果是这样，那信仰什么呢？

科学能够帮助我们明白我们所患何种疾病并可能指引我们治疗它，可以解释我们为什么会感觉到情绪，可以帮助我们理解我们处于危机中会有怎样的行为表现，可以通过减少不确定性来缓解焦虑，但是科学不能让你从这个挑战可能产生的更深层意义中体会到舒适感。

在第 5 章对于遗憾的讨论中我们了解到，人类会高估自己对于确定性的需求程度，从而会建立起规避风险和防范潜在损失的生活模式。信仰能够给我们一定程度的信心，如果我们能真正完全地渗入信念的所有感官（包括第六感）属性中，基于我们无论发生什么事情，我们早已注入神圣的灵感的信念，我们就能卸下防卫，更加自由地感受生活。

多项事实证明，在很多情况下，药用安慰剂之所以能够发挥很大的作用，部分是因为我们相信得到了某种能够治愈我们的药而产生的信仰。研究人员发现，仅仅是我们得到的重视，比如有些时候医生对于某项特别治疗方法表现出来的热情，就能预先使我们偏向于更加积极的健康结果。信仰在我们的生命中可以制造奇迹，然而有时仅靠安慰剂是不够的。

那么信仰不能够赋予我们什么呢？科学和宗教有着不同的领域，前者关乎事实，后者关乎价值。如果科学研究表明通过手术改善我的心脏状况的成功率是凭借安慰剂的10倍，我认为我的智力会帮助我做出选择。我需要确认在我们所搭乘的飞机冲上跑道前，航空公司检修那架老旧商用飞机的机械师能够对照着一张具备逻辑和智慧的检修表来完善所有安全措施。我不能只是对我的银行将我的退休金保管在它的保险柜中有信仰，我需要对管制银行法律抱有信念以支撑我对银行的信任。

皮尤研究中心论坛的“宗教和公众生活”板块对美国人民的宗教知识定期进行调研。根据逻辑推断，那些对宗教的核心教义、事实和历史懂得最多的人应该是我们当中最虔诚的。但是进一步的证据表明，智力是“信仰”方程中的除数，因为宗教知识得分最高的群体是无神论者和不可知论者，他们的得分甚至高出福音派的新教徒20%。尽管有些人因我指出智力和信仰成反比而感到困扰，但这些数据说明了真相就是如此。

信仰可以治疗困扰

你是否意识到自己的思想曾因某种困境而陷入一个无穷无尽的循环？那可能跟一个你做出的却又感到遗憾的决定有关，也可能是一次一直在你脑海中回响的艰难对话。对于一个意味着神话而不是理性的主题，你可能经常去考虑这个方程中的被除数。我是一个具有奉献精神并且高度负责任的首席执行官，坚信通过理性、逻辑和自身的行动能够解决大部分问题。但是当我发现一个问题陷入困境时，我必须意识到需要用顶礼膜拜来代替担心，尽管它们是两个不同的极端。

2009 年 11 月一个星期天的早晨，我差不多熟记了卧室的天花板上的所有线条，因为在前几天晚上我几近失眠。这种感觉好像我的生活即将全面崩溃。我的公司需要财务上的支持，在我们进入冬天生意淡季时，已经用光了所有的现金。在过去这一年中，我一直努力去找一位合适的财务伙伴，却因为不断加深的经济衰退而失败。我感觉自己被这个已经不再适合我的首席执行官身份束缚着，但是又深深地感到应该负起责任为公司找一个出路，让我们的员工和投资者感到满意。

伊丽莎白·屈布勒–罗斯曾经写道："人们就像彩色玻璃窗。当阳光照耀时，它闪烁着耀眼光芒，绽放出绚丽色彩。但是当黑暗降临时，只有内在的光辉才能展现出属于它的真实美丽。"我的冥想培训师萨利基帮助我看到了自己内在的光辉，首先让我在凌晨 3 点 15 分仍在强迫性地寻找一个合适方案的思想安静下来。她提醒我，我的成功或者我的情绪并不是我的全部，还帮助我了解到，仅靠智力并不能解决我所有的问题。最重要的是，通过冥想培训以及明智的建议，萨利基帮我重新建立了一个信念系统，提醒我自己根本不是什么太阳系的中心。毫无疑问，我对小事的不平和一连串的坏运气都使我感到痛苦，但是她帮助我看清了喜悦来自帮助别人追求幸福，而这个世界的苦难来自只追求个人幸福。

所以在这个特别的早晨，我觉得是时候去融入一个宽广并且充满爱的团体了。我穿戴整齐之后来到了格莱德纪念教堂，这是旧金山一座我曾担任了将近10年董事的卫理公会教派的教堂。格莱德的教士塞西尔·威廉斯是一位颇有名气的市中心宗教领袖，他在田德隆区做了一件意义深远的事，他每年都提供100万份膳食给那些流浪者，另外提供接近100种不同的社会项目给那些有需要的人。我爱格莱德，但是就像许多人一样，我一直都不愿意去接触与接受那类社区支持，更习惯于独自领受苦难。

在这个特别的早晨，发生了两件不可思议的事情。首先，当我走进那个教堂的时候，一个虚弱的女人给了我一份宣传单。我看了看大标题："田德隆积极分子史蒂夫·康利去世。"她直直地看着我的眼睛说："他本来可以从你身上学到很多的。"怪了！我的法定全名就是史蒂芬·康利。以我当时的情况，我感觉她是在告诉我，我已经死了，而且我应该从自己身上学到些什么。其次，在那场追思会（被称作"庆祝会"）结束时，威廉斯牧师和他的妻子简，请求我到他们的私人房间见面，以便给他们的教会提供一些建议。虽然我们并未谈及当时我正在纠结的事情，但我离开的时候，简给了我一个安慰的拥抱，并对我说她能感觉到我的生活快要变好了。作家埃克哈特·托利说过："生活会给你任何最有益的经历，以助你意识的演变。"离开教堂的时候我有种感觉，即使我不能控制人生的脚本，偶然事件也会在我的生命中创造奇迹。

成年以后，每当我在和困扰做斗争，或者当我的良心被啃噬的时候，我就运用两种有同样分量的情绪。一是，我对从这些经历之中能学到什么感到好奇。如果它让我的大脑和灵魂付出如此大的代价，我唯有相信其中必有很大的教训。好奇心驱使着我从反应性和情绪上充斥着混乱的状况带到想象着有更多的东西等着我去学的境界。二是，我在好奇心当中掺杂了一些信仰。单有好奇心可能会减少思维循环，但是它让我停留在自己的思维中。信仰给了我呼吸的空间，它对我说："奇普，相信这并不是惩罚，而是一份礼物。不要急着去尝试打开盒子。"所以每当我有疑问或者充满困扰的时候，我的方程就是"**好奇+信仰=平静**"。

解析这个方程

$$信仰=\frac{信念}{智力}$$

通过你和信念的关系来校准你的心灵与思想。信念是信仰方程的关键。这个方程的基础是在你心灵深处的声音与思想告诉你的有逻辑的话之间维持平衡。要注意你是怎样运用"信念"这个词的。当你说"我相信它"时，你通常是运用了你的知识理智地说出来的。当你说"我信任它"时，你更可能是从心灵某处而不是从外在的依据出发。"尼西亚信经"被基督教徒广泛地用来表达他们的信仰，即以"我信任……"开始，而"信经"这个词来源于两个古老的词"给予"（give）以及"心灵"（heart）的结合。换句话说，"尼西亚信经”的主旨就是将你的心灵给予你的信仰。你经常用“相信”来代替“信任”吗？如果你能把这两种方式健康地结合起来，那意味着你可能正在熟练地跨越信仰与智力之间的鸿沟。

用信仰浇灭疑惑。有人问作家、诗人马德琳·英格：“你是毫无疑惑地相信上帝吗？”她的回答是：“我带着所有的疑惑相信上帝。”正如这一章中前面提到的，信仰和疑惑是共生的关系，就像我们的心灵和思想一样。我担心的是那些在一段时间内于这两个方面都过于极端的人。疑惑是作为人类条件的一部分，它令人称道之处在于如何创造谦卑，尤其是当它和虔诚并且具有所谓信仰的电视福音传道者相比的时候。那些传道者坚称，有些自然灾难是由那些有罪的群体造成的。传道者对天堂和地狱都很了解，但是对两者之间的人间却不甚了了。每天我都会对那种夹杂着审判的信仰表示怀疑。有时我们的怀疑会成为永不停歇的快乐旋转木马，却并不快乐。在这种时候，我们需要放弃怀疑而去信仰比我们自身更重要的东西，无论是对神圣的信任，是相信爱的价值和人类精神，还是只是命运的无常。有时候这种烦恼会比命运还糟糕。

要实践，不要一味地宣扬。在希伯来人和拉丁人眼里，信仰是不断变化的，并不是一些我们拥有的东西。我们实践信仰，但是我们却不拥有信仰，因为信仰跟信任是分不开的。我最钦佩的一种信仰者就是把宗教信仰当成从事不同行为的人。对于他们来说，理解他们的信仰与实践他们的信仰是一个意思。行动比话语更有力。所有有组织的宗教都有一个共性，那就是对慈悲的极大尊重。从某种程度上来说，这种共性来自“黄金法则”，这个法则可以追溯到比耶稣早 500 年的孔子。著名的 TED 获奖者卡伦·阿姆斯特朗建立了 www.charterforcompassion.org 这个网站，上面就有“慈悲宪章”。如果你想把信仰运用到行动上，那请阅读这个宪章，看看人们怎样在世间推动慈悲的故事和承诺。

找寻魅力。超验主义诗人拉尔夫·沃尔多·爱默生曾经写道：“我们的信仰闪现于瞬间；我们的瑕疵是习惯。然而这些瞬间带有一种深刻的奥义，限制了我们将更多的现实归因于它们而不是所有其他的经历……我无时无刻不认为我的意志有一个更高的起点。”爱默生时常能在自然中体会到那些瞬间。我在第 11 章里讲过，敬畏会让我们更清楚地看到比自己强大的一切，以及神灵的存在（即使这些神灵只是自然的力量），就存在于我们污秽的、过度饱和的生命之上。凯尔特基督徒把爱默生提到的瞬间称为“薄弱点”，在那里现实与神灵中间的面纱更容易在我们面前揭开。在你的生活中，这一切是在哪里发生的？你的薄弱点在哪里？ 无论这些信仰是来自上帝，还是来自世俗对纯洁与美丽的信仰，能够知道有更强大的力量居于我们之上就是一种莫大的安慰。

奇怪的是，在现代生活中，这些“薄弱点”有时会出现在体育赛场上。在《探索生命的价值》（*All Things Shining*）一书中，休伯特·德赖弗斯和肖恩·多兰斯·凯利认为，我们生活中最真实的事情会以一种“闪现”的形式出现。这种情况在团队活动中经常出现，因为团队的活跃气氛可以迸发出令人惊叹的火花。正是在这些瞬间，我们对某些比自己更强大事物的信仰变得更加深刻。

在比尔·莫耶斯主持的一部以《奇异恩典》这首颂歌为题的纪录片中，有一个场景拍摄于伦敦的温布利球场，这里经常发生足球赛后球迷酒后闹事的情况。莫耶斯在后台请歌剧演员杰西·诺曼讨论《奇异恩典》，几支摇滚乐队已经连续12个小时在舞台上忘情表演。混乱和优雅这两种场景的差别在此显而易见。接下来轮到诺曼上台演出，但是事实上这更像一个残忍的恶作剧。当她在没有乐队的情况下华丽出场时，已经喝得酩酊大醉的粉丝尖叫着，那声音打破了夜空的宁静。她在没有伴奏的情况下缓缓地唱了起来："奇异恩典，何等甘甜……" 她继续唱着，台下的7万名观众大多数早已意识模糊，甚至根本不记得这位女歌手是谁，然而他们却安静地、入神地享受着优雅的瞬间。当她表演到第三章时，台下的观众们开始合唱，将脑海里他们曾听过的歌词慢慢地回想起来。球场上的狂热气氛已散，混乱中迎来的是平静祥和的场面。

由于某种原因，在我们生命中所有的混乱和烦恼中，有一种安定的信仰一直存在于其中，不管我们是不是虔诚的教徒，我们都可以去挖掘。它可以安抚你的灵魂，帮助你减少在世上的孤独感。无论我们的神话、隐喻或者宗教仪式有多么不同，信仰始终是一种可以让我们超越自己的东西，它可以在宇宙万物中创造一种慈悲感。

第 19 章　智慧 $=\sqrt{经历}$

你可能一看到这个方程就会被吓到：智慧是经历的平方根，心说："这个方程太复杂了吧！"相信我，读完这一章，你会感到很欣慰，因为你会了解到凯瑟琳·格雷厄姆的故事。在将近 30 年的时间里，她是《华盛顿邮报》的所有人和出版人（也是华盛顿社交女王），在毫无准备要接管报社时也和你有同样的感觉。她在曾获得过普利策奖的自传《个人历史》[①]中多次用到"吓瘫了"（paralyzed by fear）。凯瑟琳的朋友和同事，同时也是该报社论部编辑梅格·格林菲尔德，给了凯瑟琳一些你读这一章时我也会给你的建议："你可以放弃。这个决定权掌握在你手中，把这一点牢牢记在心里能够帮助你想要

① 《个人历史》一书的简体中文版已由中信出版社于 2010 年 8 月出版。——编者注

停留多久就多久。”

凯瑟琳·格雷厄姆出生在一个富裕的企业家家庭，并且从来不用考虑工作问题。她的丈夫菲利普接管了家族企业，但是又患上了躁郁症。在20世纪60年代早期，他告诉凯瑟琳他和《新闻周刊》的一个记者有暧昧关系。后来他被送到一所心理健康治疗院，最终结束了自己的生命。在这场情绪风暴中，凯瑟琳·格雷厄姆接管了公司，成为当时美国知名度最高的女总裁，当时在商界和出版界没有一个女性能够与之媲美。

凯瑟琳在《华盛顿邮报》上任不到10年，该报就因为调查白宫关于越南战争和“水门事件”而占据主导地位，这也验证了她个人的决心和决策力。在她的回忆录和多次访谈中，她说她经常自我怀疑，充满了不安全感。但是她似乎找到了正确的答案和内心深处的勇气，甚至在文章中“紧盯总统”，其结果是理查德·尼克松辞职。

凯瑟琳是一个目光敏锐的生活观察者，她曾说道：“没有人能阻止衰老，但是创造性地变老另当别论。”她的回忆录就是一个通过经历找到智慧的真实写照。

《圣经》中有一个故事，说智慧是一个女人，她在山上修建了一所房子，精心准备大餐供大家去享受：“大家一起来吧，吃点儿我做的食物，喝点儿我调制的酒。舍弃你的简单方式就得以存活，要走有远见的路。”就像光照亮我们的生活一样，智慧悄无声息地来到，而且不可或缺。有时智慧会让人震惊，正如所罗门王在解决两个女人都声称是孩子的生母所引起的纷争时的所为。他提议用剑把孩子砍成两半，分给这两个女人，他从这次纷争中看清一个事实，那便是母爱即自我牺牲。

智慧正在寻找真实与远见，并把知识运用到获得公共利益上。柏拉图称之为“人类最高境界”，亚里士多德把它定义为原因或者为什么事物以一种特殊的方式存在的知识。在《遗失的智慧》一书中，巴里·施瓦茨和肯尼思·夏普概述了亚里士多德对美好生活的描述。如果这是个方程，它会把个人经历与同情心、知识、美德相结合。不幸的是，现代生活的许多规则与法律让我们无法去做正确的事情，而且我们也很少有时间去进行必要的思考以便决定最明智的做法。

尽管我们倾向于认为智慧是那些年长哲学家的代名词，或者当你陷入情绪困境时，你希望自己最好的朋友充当的角色，但亚里士多德相信每个人都拥有实用智慧，而且它是个人和社会最崇高的美德。正如施瓦茨所说：“亚里士多德的核心问题并不是总体讨论愤怒是好是坏，或者‘善’的本质是什么这类抽象问题，而是在某种特殊环境中该做什么这类特殊而有实在意义的问题：该对谁愤怒、持续多久、用什么方式，以及为了什么……这取决于我们察觉事物的能力，对待事物有正确的感觉和渴望，然后考虑在这些情况下怎么做才是正确的，最后去执行。”

我思考了智慧这种重要的特质，并与丹·拉塞尔和桑迪普·索德这两位数学都比我强的好朋友谈论过，然后渐渐意识到，从根本上来讲，智慧就是一个减法似的美德，而不是加法。当普通人在累积的知识里迷失方向时，智者能过滤学过的知识。艾略特曾写道："我们在知识中迷失的智慧去哪儿了？我们在信息中丢失的知识又去哪儿了？"他这句名言写于"知识时代"，也就是被我们称为"信息超载"时代之前 50 年。

简化智慧

当今大多数美国 12 岁的青少年掌握的科学知识比两千年前最著名的哲学家还多，不是吗？我们现在知道地球是圆的，地球是绕着太阳转的，这些远比亚里士多德知道的要多。但是聪明人总有本事察觉到规律并将其简化为普遍真理。心理学家保罗 · 艾克曼对于面部表情的普遍性持有独到的见解（他的著作给予探案剧《别对我撒谎》以灵感）。他只要对一个人看一眼就能立刻了解到这个人的心理活动。约翰 · 戈特曼只要观察一对夫妻 15 分钟的互动，就能准确地预言他们是否会离婚以及何时会离婚。

这当中有些就是我们所谓的肠道本能，因为我们的肠道神经系统位于消化系统的内壁里，有超过 1 亿个神经细胞。我们都有过这样的经历：当我们的思想基于逻辑为我们指明一件事时，我们的肠道却基于我们短暂的直觉在叫嚷着别的事情。研究人员列出了一系列能够影响我们肠道本能的因素，但是最被普遍提及的是在相同情形下一个人的经历水平。换言之，我们学会创造自己简单的认知模式，然后在无意识的情况下运用到为人处世中。

智慧就是简化生活的复杂性，将分散的东西集中到核心。这在我们个人生活与工作中同样适用。你的公司不会因为一位重要客户没有享受到优秀的客户服务，而成为一个在客户服务方面的落后者。是一系列重复的动作或没有解决的事件形成了一种行为和思维模式，从而形成一个逐渐变差的服务文化。你可能超重 30 磅的这一事实并不是因为有天早上你吃了一打甜甜圈，而是因为这几个月或是几年来，你几百次决定吃些什么和如何锻炼身体的结果。这也是我们会请顾问和教练的原因，其实他们不一定比我们聪明，他们只是在观察这些模式时更加客观。

因而，智慧方程并不是将本能加上经历、意识、利他主义和五大其他积极的品质。智慧之美在于它的简单。大多数研究人员关于智慧的研究都一致地显示出，智慧的一个前提便是经历。这也是我们会认为那些已经有几十年生活经历的人会比年轻人更具智慧的原因。

那如果智慧是经历的平方根又会如何呢？这当然很不错！让我们举个例子来定义一下平方根：$3 \times 3 = 9$。从另一个角度来看，3 就是 9 的平方根。9 的平方是 81，而 81 的平方是 6561。你会发现，这些数字上升得很快。但是所有这些数字的根都是 3，就这么简单，因为 6561 经过一系列开平方也会得到 3，这就好比在你的生活中一些混乱的情况隐藏着一个简单的真相，不论是你的首席执行官在服务培训上减少了投资，因而导致顾客的不开心与公司收入的减少，还是你对自己的状况不满意，导致饮食与营养不规律，最终引起体重上升和健康问题。生活的阅历源于成千上万的小举动，每个小事件的组合成就了一个大的集合。但是，智慧寻找的是核心的真理。

智慧能看清我们生活中的复杂体（如等式中的9），也就是我们阅历的总和，在它的深处是源于对我们的存在至关重要的一些东西（如等式中的3），以及我们处理经历的方式。以好莱坞电影为例，那就像是从《黑客帝国》里看出塑造我们与周遭事物的根本原因。不幸的是，许多人不愿意戴上一副能帮助他们看清自己身份的眼镜。我们可能感觉当我们面临一系列的挑战时，应该更加努力地工作。我们人生的方程就是一系列加法。但是“智慧”方程诠释了一个反向的做法：当我们面临一个对我们非常不利的情况时，不能使用加法，而要进行编辑修改。

如果我们足够聪明地回想一下自己的经历，就可以找出它的平方根，也就是核心。如此一来，我们不仅拥有了智慧，还能够英雄般地用智慧做正确的事，在我们的生活中做出根本改变。

我的朋友桑迪普让我想起了有关一个富人的寓言故事。这个富人非常喜欢猫科动物，他请一位有名的禅画家为他画一只猫。这位大师答应了，并让他三个月后再来取。当这个富人来取画时，大师一而再再而三地推迟，一直拖了一年。最后，在富人的请求下，大师优雅轻松地拿出了一支画笔，流畅地画出了一只猫，这是这位富人见过的最令人叹为观止的画作。一开始他很震惊，然后他生气了。“这幅画只需要您花 30 秒的时间，您为什么要让我等一年？”他控诉道。大师没有说话，而是打开了一个橱柜，上千幅好的、差的、难看的猫的画掉了出来。那你如何才能成为一位能够破解生活密码的禅师呢？

意外的灵感

此方程实际上还需要另一个因素，但是我不想在本章一开始就把你吓住。就像你从这个方程中看到的那样，随着年龄和经历的增加，智慧也随着增加，只是增量会逐渐减少。事实上，和大部分人一样，我们在一开始会有一个很快的学习曲线，到了中年会趋于平缓，但是对那些读本书第 10 章并且已经完全洞悉心流的人来说，随后他们智慧的增加并不一定会递减，有时会因新的知识或灵感带来爆发式或跳跃式的增长。

基于以上事实，“智慧”方程虽然好，但是并不完整。要真正捕捉到那些处在学习道路上的人的智慧形成过程可以参见下图：横坐标表示的是年龄，纵坐标代表智慧的水平。人生中通常会经历我们称之为“啊哈”（“啊哈体验”，表示一种事物突然出现）的几个关键点。这些灵感点不规律地呈现，并对智慧的成长产生醍醐灌顶般的爆发式影响。这意味着智慧不仅是运用我们经历的一个品质，它也会因我们是否培养了创造灵感的能力而变化。

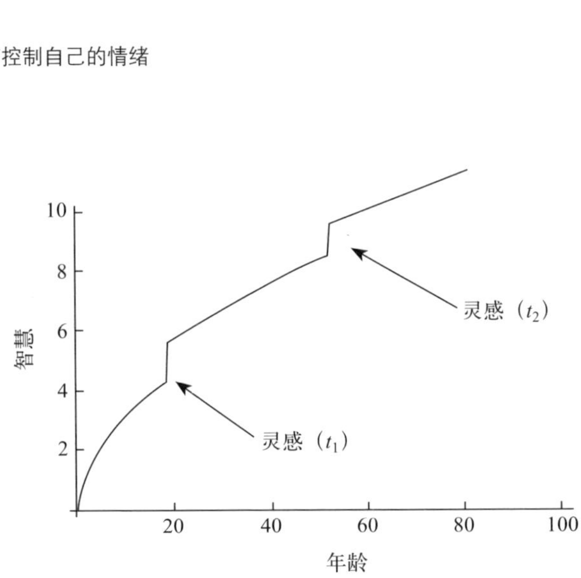

对大多数数学家来说，这是指智慧=$\sqrt{经历+灵感（t_1）}$。当灵感在t_1阶段时，给你一个大的或许多小的灵感。上图显示两个大的灵感，但是你可以把它想象成很多个小的灵感。为了让它简单些，这一章我没有引进这个全面的方程，但它的确阐释了，在所有学科里，快速的改进并非总是平稳和可预见的。生物学中，当一个物种在其进化当中形成了一个不可预见并且是革命性的巨大突变时，这就叫作“间断平衡”。

数学之外，还有要问的问题：我们怎样才能创造一个暖房来培育灵感，这样智慧就会像暖房里的玫瑰花一样绽放？首先，我们要认识到，灵感多来自把一组数据或不同类的人和事用一种以前没用过的方式联系起来。这或许就是里德·哈斯廷创办网飞公司（Netflix）时的体验，该公司以邮寄光盘的方式，作为百事达出租光盘业务的替代选择。哈斯廷的灵感来源于租用一张10美元的光盘若晚一两个星期没还，竟然就要支付40美元的延期费用。

我的朋友丹·拉塞尔博士提出将“灵感”添进方程，源于他和朋友登山时从山顶眺望大海。大自然是激发灵感的一个好地方。对我来说，在沙滩上的慢跑就像是大脑灵感的兴奋剂。对我的很多朋友来说，水也是一种很好的媒介，当寻求一些直觉、灵感的指导时，他们会有一个冥思苦想的“沐浴时间”。很多公司鼓励它们的经理去公园、博物馆，或任何能激发大脑的地方走走，通常是为了锻炼在工作场所得不到足够锻炼的右脑。还有一些人，他们让自己的生活和大脑获得平静（以求得到灵感）的终极办法就是冥想。

智慧如何帮我找到生活的新轨道

我们这些企业家常将自己的生意视为亲生儿女，在有些情况下（像我），我们从未剪断脐带，所以我们似乎是一直在不知不觉地喂养着这个婴儿。就像山姆·沃尔顿经营沃尔玛那样，我曾想过继续经营幸福生活酒店集团到我 75 岁的时候，多年来我也为这种想法感到骄傲。但是在当今全球酒店业处于衰退的非常时期，很明显我必须重整旗鼓，就像早些年我在互联网泡沫破灭之后所做的那样。

与以往情况有所不同的是，新千年的头十年中发生的第二次经济衰退，正是我在 21 个月内新开 15 家酒店的时候，这期间美国大都市酒店的营业收入在一年中下降了 25%。此时旅游业和经济的不景气给公司发展带来的压力，让我感觉就像一块巨石压在肩上。

于是在 2009 年，为了让公司管理层安心，我开始和各类“白衣骑士”秘密交谈，希望能找到一位投资者或能提供足够资金的合伙人来渡过难关，同时获得发展资金保证今后的繁荣。除了试图应对这个灾难，我知道自己已准备好改变职业生涯。做首席执行官已不再是我的使命了，时代正在召唤一位角斗士带领公司像我以前所做的那样闯过难关。意识到这一点很难，也需要不少内在的勇气和智慧，但是正如其他重要的见地一样，我知道这对我、对公司来说都是正确的。

但有灵感，并不意味着我有许多解决办法。在经济萧条期间，懂行的酒店投资人要么成功，能收获丰厚的战利品，要么失败，接手的就像毫无用处的残骸，诸如此类的消息不绝于耳。虽然幸福生活酒店集团是一家成功的公司，但它不是全国性的品牌。我们一直都发展得非常快，因此几乎没有净收益，所以我们不是战利品，但我们也不想被秃鹫一般的投资者当作动物残骸。这些投资者寻找那些已经死了的酒店骨架当他们的盛宴，或者寻找一家被他们认为是低价买进的公司。我的选择不多，要么让公司在合并中消失，导致大量裁员，最终公司品牌和财产可能不保；要么签下 5 年首席执行官的雇用合同，使投资者们相信对幸福生活酒店集团的投资是值得的。虽然担任 20 多年首席执行官给了我寻找合作伙伴的经验，但我却没有足够的灵感帮助自己从这些非常糟糕的选择中理出头绪。

在一次和汪达爬山时我有了灵感，她是一位执行官教练。当我为自己的境遇和肩负 3000 多名员工命运的责任叹息时，她帮助我分析了许多相关的可能解决方案，要么满足公司的需要（找到一位私募投资者），要么满足我个人的需要（跟其他公司合并后让出首席执行官的位置），没有两全其美的方法。她留给我一道作业，从两种视角出发，即什么对公司是好的和什么对我是好的，列出优秀合作者必须具备的5项最重要的品质。我做了一个5×5网格的二元坐标图，格子里写着那5项特质，对照每个潜在合作者符合哪些特质，然后评估他们的机会。这个表格让我看到了这些选择有多大的不同，因为我要么放弃公司解脱自己，要么拯救公司但本质上牺牲自己，许下5年的承诺去做自己不再喜欢做的事情，远离新的使命。

一些盲目的信仰（以及父亲大量的精神支持）让我相信，我可以找到一个既能解决幸福生活酒店集团需求，也能解决我的需求的投资者。时间不等人，我们的资金流快断了。出乎意料的是，我接到一位商业同伴的电话，他得知我们愿意出售公司或多数股权。虽然我从未见过他的老板——亿万富翁约翰·普里茨克（约翰的父亲50多年前创办了凯悦酒店），但我听说过他的很多伟大事迹，他的慈悲、直觉力以及他对待商业和生活的幽默之道。尽管普里茨克的吉奥洛投资公司很晚才出现，但因为几周前我才运用智慧和灵感做了那个表格，我几乎第二天就能对他们的建议说“没问题”。像这种复杂的交易通常需要半年甚至更长的时间才能达成，但是由于紧盯最重要的事情，我们很快就完成了这笔交易。2010年6月，我有了一位新的伙伴，宣布交易的那一天，当纽约证券交易所开市钟敲响的时候，我正站在台上。

首席执行官的经历和我学到的教训给了我智慧，知道在创立并几乎独立拥有这家公司20多年后，我必须把它卖掉或者引入控股伙伴。正是这种意识到我必须找到解决办法的灵感，可以解决我和公司双方面的需求，帮助我在宝贵的机遇偶然出现时准确地去评估。吉奥洛投资公司不像我们面谈过的其他投资公司那样有名气，如果汪达没有给我一副透视眼镜来破解迷阵并评估约翰·普里茨克的提案，我或许就会错过这次机会。

解析这个方程

$$智慧=\sqrt{经历}$$

每日诵读、静思、祈祷。莱因霍尔德·尼布尔是20世纪美国杰出的神学家，他高深莫测、非传统的感染力使巴拉克·奥巴马和约翰·麦凯恩都称他是他们最喜欢的宗教哲人之一。“上帝，请赐我宁静去接受不能改变的，赐我勇气去改变我所能改变的，并赐我智慧去分辨两者的不同。”尼布尔因创造了这一静思祈祷而出名。弗兰克尔在本书的第一个方程中就告诉我们，静思源于接受生活中的常量和挑战变量。看清什么是常量、什么是变量，这需要智慧。商业和生活中的革新，来自挑战多数人认为是常量而事实上是变量的智慧。我每天早上都诵读这则祷文，在艰难的日子里更是不断地诵读。

开发你的经历。“经历”和“实验”有相同的词根，这并不是巧合。我认识的最明智的人都能像身处实验室那样观察自己的人生，分析一系列他们碰到的实验，作为获得智慧的方法。请拿出一张纸，列出 10 条你生活中最具启发意义的经历或实验。从每一条中你可以学到什么教训？你发现了什么智慧可以把它们应用到今天的生活中？我知道，在旧金山的互联网泡沫破灭时，作为首席执行官的我有多么投入。我全心投入的程度和由此激发我周围的人的方式使幸福生活酒店集团在那段困难时期还扩张了将近三倍。几年后，我意识到我不再有那种激情再去做一次，但如果没有及时调整公司，幸福生活酒店集团可能就危险了。

对事不对人。经历的平方根通常表示我们可以超越个人的因素。作为商业领导者，我经常面对一些怪罪某人或某些人的沟通所造成的棘手问题。大部分时候我们会把这些混乱怪罪到参与的人头上，而没有用智慧退一步去分析让这些理由根本站不住脚的其他因素。不管是分清角色和责任，为短期目标校准角色，提供工具让员工成功，还是好好地定义公司文化和操作守则，都要让每个人了解效率和成功的定义，明白环境更能影响一个人的行为。创造良好的形势，你会发现那个对的人就会出现。没有人会在教堂抽烟。

了解什么活动最能激发你的灵感。经历带来智慧，灵感就是让智慧在特定时刻创造量子飞跃。慎重地思考在过去几年中，你头脑中和勇气里闪过的灵感。你当时在做什么？通常，你站在“实验室”外面，你的潜意识获得了时间与空间，也许从旁观者的视角，那就像木桶里的酒一样，慢慢变成陈年老酿。这一章的前面部分，我提到过可以激发灵感的几种不同环境。一旦你找到了你的理想模式（一个你相对容易身处或进入的空间），就要不断精进。在我后院的新书房，我会尽可能地专注于创造性的活动，很少看美式橄榄球赛。

我将最“优美”的方程留到了最后。在这样一个充斥着快速修复、最小公分母思考以及总是追求幸福或效率的世界，智慧是我们理智的圣地。智慧是我们人生最终的定稿人，它挑出麦粒，摒弃糟糠。随着年龄的增长，我们的脑细胞逐渐死亡，记忆力开始减退，身体更容易疲劳，反应变得迟缓，这一点越发显得重要。面对这些消退，我们的解药就是增加我们的智慧。甚至在耄耋之年，我们仍然可以拥有敏锐的洞察力。生活的魔力不在于计较更多，而在于学会让更少变得有意义。

第六部分

自己动手

如果你必须经过地狱，那就勇往直前吧！

——温斯顿·丘吉尔

第 20 章　创建你自己的情绪方程

诗人雷纳·马利亚·里尔克说:“没有知觉就意味着死亡。”我们的情绪就像一个谜，维基百科上对“谜”的定义为:“一个有着双层或者隐藏含义的陈述、问题或者短语，人们会把它当成一个难题去解决。”有些谜需要独创性才能解决。当我情绪不佳时，我经常发现适当地翻译一些东西可以让我变得更加客观。

我最喜欢的一则古代寓言故事是关于情绪与自我意识的。这个故事说人类是由 4 个部分组成的：一辆马车、几匹马、一个马车夫以及一个坐在车内的主人。马车代表身体，它能够带你去经历人生。马匹代表着你的情绪和激情，如果不能好好驾驭，它们会用力把你拉往不同的方向。马车夫代表自我意识，当主人打盹时，就由马车夫来决定前进的方向。主人代表着真正的自我、更高的自我，在睡醒之前，他在旅途中没有任何意义。一旦主人醒来，他的角色就是命令马车夫，告诉他要前往哪儿以及应该专注于什么。

谈到情绪方程，你需要问的基本问题之一是："在我的生命中，谁会是那个驯服以及指引那些充满活力、情绪高昂的马匹的人呢？"是外面那个永不停歇的马车夫（自我），还是那个不断进化、被神圣感激励着的那一部分——在马车上打盹的主人呢？

自我未必是一件坏事。正如那个马车夫，自我十分善于掌控我们的激情和身体，从而使我们在短期内得到最大的收获。但是我知道，不管开心与否，在我的情绪之马狂奔或者跳动时，代表自我的马车夫在掌控一切。

自我反应，灵魂唱和。经历或者想法所产生的反应常常在眨眼间就带出一种情绪。如果这种想法是一种长期信念，比如"世界是危险的，我们必须保护自己"（这会导致恐惧和焦虑），或者"我自我感觉良好，每个人都需要我"（这会导致自恋），那么它引起的反应就会变成一种习惯，以致我们根本无法察觉自己已经成为情绪机器人。当主人掌控的时候，我的情绪不再是反应，而是一种唱和。当我根据状况而唱和时，我不太会考虑短期结果以及其中的含义。

学者杨腓力（Philip Yancey）曾探索过信仰的本质，他认为在危机中："我的情绪反应是一种线索，它展示了世界是如何控制我的。危机能揭示我构建生命的根基。"得知你的自我是否在构建你的情绪方程后，通常你会发现自己就像一个风向标一样随风摆动。

马可·奥勒留建议："在无法挽回前尽早去发现存在于你内心深处的东西，除了那些驱动你的情绪并把你像个傀儡耍得团团转的直觉，应该还有更深一层的更接近上帝的东西。"在你想象要如何打造自己的情绪方程，把它当作不论是顺境还是逆境下的口头禅时，千万要记住这一点。

寻找你的方程

对于你来说最有共鸣、最能持久的方程，源自纯粹想要创造一个更真实的自己以及如何才能展现你的天赋和渴望。最有效的方程看起来简单，也经得起时间的考验。

你可以创建方程去赚钱，让自己变漂亮，让自己出名，但是请少关注一些你能得到的，多关注一些你会有哪些改变，这才是最有用的。如果你打算下功夫创建自己的方程，那还不如创造一个可以受用数十年的东西。

警告：不要把你自己的情绪方程当作关掉情绪水龙头的一种方法。你不是《星际迷航》系列电影里的斯波克。有时候，你的情绪之锅会创造出惊人的东西。想想毛毛虫蜕变成蝴蝶的过程，它开始并不漂亮，而在这个蜕变的中途，生命只是一团黏糊糊的东西而已。所以不要被你正在努力解决的情绪吓倒或击退，那是一种更好地了解自己的途径，并可以指引自己蜕变。

创建自己的情绪方程，开始时可以问自己两个问题，最好能在一个你不会分心的地方。闭上眼睛大概一分钟，只关注自己的一呼一吸。慢慢地进入观察者的角色，去看看你的马车、你的马匹、你的马车夫，还有你的主人。

1. 用思想给自己做个体检。你整体上感觉如何？有什么地方让你感觉特别好或者特别不好？想想最近让你挣扎的事和你身体的哪个部位起了反应？我发现一旦有压力或感到非常疲劳，我的嗓音就会变得刺耳。当有这种感觉的时候，我通常都明白自己处于理性和感性的对抗中。或许你的身体慵懒无力，隐藏在昏昏欲睡之后的情绪是什么，是悲伤吗？如果你的肩膀像岩石一般坚硬，那是焦虑击垮了它吗？你身体的感觉就是你内心情绪感觉的窗口。你应写下一些身体反应和可能隐藏在这里面的情绪因素。路易丝·海的《治愈你的身体》就是一本能引导你理解你的身体、情绪和潜在疾病之间关系的好书。

2. 你此刻有哪些情绪是活跃的？你列出来的感觉有没有让你的情绪产生共鸣？你能真实地感觉到你情绪的本质而不只是认识到它的表象吗？列出这两三天内持续围绕你的三五种情绪。写下当时导致这些情绪的环境情况，然后选出最占优势的那个并把它圈出来。它可以是你想从生活中清除的情绪，也可以是你想要加强的。

希望现在你有了一种可以深入研究的情绪。让我们去探讨三种不同的情绪并建立一个对你有帮助的方程，此方程可以发展成有益于你生活的颂歌（这些案例没有使用真名，而是几个人在分享如何建立自己的情绪方程）。

学习案例 1：抗拒

45 岁的琼已经结婚 20 年并且育有三个孩子。她一生中的大部分时间都在尽力谋生，近 10 年来，她一直靠工作挣钱来养家糊口。目前，她是家里唯一有收入的人。自从毕业后，琼的体重每年都增加两磅，现在已经超重 50 磅。她还吸烟，每隔一年她都试着戒烟但总是失败，她更超重了。通常来说，考虑到她生活中错综复杂的事情和压力，她已经变得安于现状。当她的丈夫和孩子试图改变她不健康的生活习惯时，她发现自己完全抗拒他们的恳求。她扮演着受害者角色，因为她是家里的经济支柱。

当琼面对我们前面提到的那两个问题时，她感觉自己已经和身体没有关联了。她没有任何感觉，这让她有点儿害怕。但是接着，在她开始练习时，她感觉自己像是直布罗陀海峡上那块大岩石一样坚不可摧。同时她感到有点儿死心了，并且对自己无法改掉不良生活习惯感到绝望。用来形容她的情绪的最恰当的词似乎是“抗拒”。很幸运，她挖掘到了这一点，因为对很多人而言，抗拒是一种毫无意识的反应。那么琼该如何对待她的抗拒呢？

假设琼想减少或者摆脱自己的抗拒心理，那么她首先应当看到抗拒的反面，也就是“屈服”或者“接受”。琼看到这些词后谨慎地思考:“我想降低我的抗拒心理，但我不确定自己是否想完全投降，因为我必须坚强。”脱离自己舒适区的自然反应是去想象一种破坏性或者带有伤害性的变化。那么琼怎样才能变成她渴望的那种积极的人呢?

琼不愿投降，于是决定“接受”或者“改变”。她开始想象她开始改善饮食、减肥、戒烟后的样子，她想象着自己改变和不去抗拒一年后的样子。她写下“健康生活”四个大字，作为她生活中变化的结果，好像自己的身体、精神和情绪都在改变。现在我们有三个潜在要素：抗拒、变化和健康生活。要怎样才能把它们协调得更好呢?（如有必要，请回到第2章重读使用加减乘除的基本原理。）

琼思考着她的这三个变量，然后把它们分为“健康”和“不健康”的。她把“改变”和“成长”放在“健康”一栏，把“抗拒”放在“不健康”一栏。“改变”看起来好像是“健康”的同义词，不过“抗拒”似乎有些偏差。听起来这形成了一个减法方程。如果……

成长=改变−抗拒

琼能够用以下方式来转换这个方程。她知道自己想要健康地生活，为了达到目标，她必须改变自己的习惯。如今，每当发觉自己抗拒某些健康的新习惯时，她就用这个情绪方程作为提醒。

你如何能把这个方程运用到自己的生活中呢？该方程跟组织机构也有关联。你知道有很多企业之所以变得老气横秋，正是因为它们过于注重抗拒而不去改变。

学习案例 2：屈辱

拉塞尔是一位 60 岁的银行副总裁。他在这家银行效力已有 20 年，然而近几年的经济衰退让他很纠结。他担心自己被解雇，也看到很多老员工被解雇了。拉塞尔不愿主动表达自己的想法，生怕直言会被解雇。在某些基础层面上，尽管这份工作从来不是他的激情所在，但他看中银行这份“安全”的工作给自己及家人提供的财务上的保障。现在他的保障受到了威胁。

由于公司改组，拉塞尔现在的上司贾斯廷是一个同样有副总裁头衔的人。贾斯廷是一位科技高才生，比拉塞尔年轻 20 岁。贾斯廷决定测试他直接领导的所有 8 个人有关银行信息技术系统的知识，以便了解如何才能最好地配置这几位经理。他决定在小组会议上与他的下属分享测试结果，而不是私下里告知。拉塞尔很尴尬，因为 8 个人中，他的得分最低，但是他很快归咎于他比大多数经理年长 10 岁。

然而，这次测试后还不到一个月，拉塞尔和另一位经理就被夺了副总裁头衔，降职为高级主任，他的尴尬转变成了屈辱。他的薪酬没减，但是不再参加每周的直接下属会议，他开始感到自己好像被淘汰了。最重要的是，他在贾斯廷主导的新世界里迷失了自我。

拉塞尔不愿咀嚼自己的屈辱，决定创建一个情绪方程来了解自己到底是怎么回事，以便走出困境。在他检视了自己的感觉与情绪后，注意到自己不够男人。他的自尊被剥夺了，更深层次地说，感到满腔怒火是因为他感觉受到了不公平的对待但又无能为力，他能感觉到的只是屈辱。

拉塞尔的妻子建议他在www.visualthesaurus.com网站上看看单词“humiliation”（屈辱）的同义词——羞耻、耻辱和懊恼等。后两个单词没有和他产生共鸣，但是第一个单词“羞耻”有一种切肤之痛。在他的核心观念里，他为现在的处境和让同事们看到他降职、让家人看到他的虚弱而感到羞耻。他那互联网专家的妻子又建议他到维基百科上看看关于羞耻的评论，他这才明白了这种情绪已超出了内疚（当你认为你做错事时的感觉）。考虑到他是在一个年轻人居多的行业中的老手，他感觉自己的问题源于他本人的内在（当你确定自己身上有些问题时而感到的羞耻）。但是他也知道他对这个问题很生气，各种情绪在他心里纠结着。

当拉塞尔试着整理出一个有用的情绪方程时，他意识到他感觉到的最强烈的两种情绪就是羞耻和愤怒，所以它们肯定是屈辱这道汤的两种原料，但却并不能构成整个菜谱。读完本书第7章关于焦虑的内容后，他知道无力感也混杂其中。有点儿像玩拼图游戏一样，拉塞尔提出了下面这个等式。他知道羞耻和愤怒相结合会爆炸，但讽刺的是，这种超能量会被无力感抵消。

$$屈辱 = (羞耻 \times 愤怒) - 力量$$

当拉塞尔深吸一口气审视这个方程时，他感觉到了一股因分清黑白是非而产生的力量。但明白道理简单，要真的消除妄自菲薄的屈辱情绪却非常不易。首先，拉塞尔花了一些时间阅读怎样克服羞辱感。他回想了这 20 年来在银行相对比较成功的经历，并列出了他所有的成就。其实，这样做的时候，他知道自己也许需要准备一份求职简历，这让他感觉多了一点儿力量，也使他明白他曾为这个组织创造的最大价值是什么。

当拉塞尔开始证明自己的工作值得自豪时，他发现自己对于贾斯廷公开技术测试成绩并无礼地将他贬职这种行为非常愤怒。但他没有继续生气，而是决定和贾斯廷当面把话说清楚，并简述一直以来他在这个组织最大的优势。他的目标是看看能不能让贾斯廷继续做他的上司，如果不行，就看看银行有没有其他位置能够让他更有效地施展才华。积极地采取这一行动让拉塞尔真正感觉到了力量。将屈辱转变为一个方程让拉塞尔明白了屈辱的组成因素并开始制定应对策略，将他的不良情绪转变为在重塑生活时可以运用的东西。

学习案例3：同理心

30岁的亚历克西斯在大部分时间都在逃避自己的情绪。她的成长经历如教科书般丰富，她出身于一个不健全的家庭，父亲是个酒鬼，经常对她的母亲施以暴力，她也被迫照顾自己和弟弟。由于这些经历，她十分擅长在混乱中自救，学会了在大多数境况和关系中用矫枉过正的方式规避麻烦，方法之一就是敏锐地感知、理解和体会周围人的感受或需要。她对其他人的需要的敏锐感知，以及恰到好处地照顾他人的能力，使她成了一个具有高度同理心的人。

在良好的环境里，一个具有高度同理心的人能够适应大量的情绪并能适当地管理它们。亚历克西斯在16岁的时候就离开家，在艰难求生中积累了丰富的生活经验。和她家里的许多人一样，她通过酒精来寻求安慰，借此麻木自己，以便度过二三十岁的日子。在某种意义上，她并不需要看清自己是谁或自己真正的感觉。亚历克西斯拥有同理心，但有时热心得过了头，她是如此执着而坚定地去拯救那些她关心的人，以致迷失了自己的心智，常常被人误认为她既自私又有控制欲。她有善意地向别人提建议的习惯，但她总是在谈话中居高临下，这经常让人完全感觉不到她的关心，因为他们没有插话的余地。她还会评判别人，时常把别人的行为、观点和弱点挂在嘴边。在一天结束的时候，她也会评价自己，并感觉自己在这个世界上毫无价值、不讨人喜欢。

26岁的时候，亚历克西斯发现醉酒、出走和其他因素使她触碰到了情绪与身体的底线。最后，她终于能够承认现实，第一次不再依赖那种让她感觉“安全”的灵药，继而正视自己的情绪，包括先前案例中拉塞尔和琼探索过的“屈辱”和“抗拒”。当亚历克西斯面对我们提出的两大问题时，她意识到呼吸和感知身体的感觉是多么重要，因为这些能帮助她识别羞辱和批判。

亚历克西斯有一位治疗师朋友，她对于如何让同理心和同情心在病人的生活中起作用有丰富的经验。有一天，在两人的交谈中，当亚历克西斯再一次气势逼人的时候，她告诉亚历克西斯：“尽管我知道你的本意是好的，但是我感觉我们的关系已经失去平衡，亟待调整。”她的高度诚实（和友爱）让亚历克西斯感觉羞愧。亚历克西斯明白了可以对同理心进行些许调整，这样就可以将她从这一辈子赖以生存和保护自我的自私动机里拯救出来。治疗师对亚历克西斯表露出经常被误认为是同理心的极大同情心。同情心是一种更加激烈的情绪，因为当我们对其他人感到同情时，往往体现在用实际行动帮助他们，而不仅仅是有同样的感觉，却无动于衷。

为了让亚历克西斯能够驾驭同理心，她必须感受到朋友的同情心，然后对自己也能产生同情心。这样能让她更加习惯自己以及其他人的感受，而无须经过任何判断。换位思考是同理心的一般定义，允许她倾听继而认同他人以及那些进入她内心的人的感受，看看是否需要一个富有同情心的行动，抑或仅仅是一个同理心的姿态，这种行为本身就是深刻而有意义的。

就像琼和拉塞尔一样，亚历克西斯经历了抗拒和屈辱。但是她的方程成了她的座右铭，帮助她学会关心别人，而不需要去控制或判断任何东西。这开启了一种完全崭新的方式来对待她所有的人际关系，帮助她卸下解决全世界问题的责任，并能保持自己最可爱的核心部分不变。

同理心＝自我同情心＋对他人的认同感

把苦难转变成财富

俗话说："祸兮福之所倚，福兮祸之所伏。"当你站在山巅时，这很容易理解，因为你很难感受到身在山谷深处的感觉。但是度过你生命中的一个困难时期并不是服刑。作家加布丽埃勒·罗斯说："只有经历过错综复杂的情绪，我们才能拥有真正的喜悦和同情心；没有经历过害怕、愤怒和悲伤，我们获得的只不过是喜悦和同情心蹩脚的仿制品——愉快和感伤。"

我们的情绪让我们感觉到我们是活着的而且在意一些事情，但现代生活可能是"三重精神分裂"的一种形式，我们想着一件事，感觉到的是另外一件事，而真正做出来的却是第三件事。我们对自己情绪的组成要素越清楚，就越容易把更加复杂、更容易出现的情绪转变成更加可控的事情。焦虑和遗憾不像奇怪的雷雨风暴不知从何处出现，这里有些组成部分或者建筑成分，你可以通过分析它们来了解为何情绪把你和太阳分开。更重要的是，我的一个朋友提醒我，情绪总是可以获得胜利，尤其是当一个人想要摆脱它的时候。我们多愁善感的身体总是给我们一个账单，并趁我们不注意时累积利息，所以创建你的情绪方程也许是对自己的财务负责。

我希望本书可以帮助大家成为情绪的炼金术士，把危机感和反应转变成更能服务于你的方程。没有一个明确的数学方程能帮你应对生命中所有最有挑战性的问题。我的“妒忌”或“喜悦”方程可能跟你们的不同（这也是你可能会有兴趣进入www.emotionalequations.com网站分享你自己的方程的原因）。人生的多变性是很复杂、微妙和无形的，很难提炼出一个完美的数学方程。但是就如我在第 2 章中所说的，数学与各种关系有关，我们的情绪也一样。有些关系会耗损我们的能量，有的则让我们更加有力且能够反弹。你应勇敢控制自己的情绪。这个新工具可以帮助你面对挑战。

我公司的资深学习与发展经理帕拉斯托·尼亚凯恩在我写作本书时，从布拉格发来了一封电子邮件。内容是约翰·列侬纪念墙上一张涂鸦的照片，上面写着：“**完美幸福 = 热情 − 期望**。”情绪方程不只是让我们的生活变得有意义的一种方式，也是我们取下心理眼罩创造洞见这个更大运动的一部分。当你运用情绪方程的逻辑更清楚地认识自己与世界时，我会深深地祝福你。

致　谢

本书是关于两个犹太心理治疗师和两个叫奇普的人的故事。在过去10年经济动荡期间最需要指引的时候，我把注意力转向了亚伯拉罕·马斯洛和维克托·弗兰克尔的智慧。自己没能和他们生活在一个时代，我感觉十分可惜。但幸运的是，我能够和奇普·汉金斯相处，他是我人生的镜子，只可惜这种相处太短暂了。对于他，我所能说的就是，无论他现在在哪里，他的离去让我前所未有地感激现在的生活。谢谢你，菲莉帕，能让我述说奇普的故事。

无论是活得绚烂还是平凡，我们都是有各种情绪的人，我感激一直给予我灵感和情绪反馈的下列所有人：扎因·埃玛卢克、丹尼丝·科科伦、布赖恩·约翰逊、吉姆·坎菲尔德、斯科特·安南、玫玫·福克斯、德鲁·班克斯、埃弗里·杰瑟普、马修·福克斯、斯瑞库马·拉奥、林赛·肯尼、布赖恩·纽伯格、奇普·希思、彼得·威尼克、比尔·怀尔斯、劳拉·加洛韦、杰夫·马隆、艾伦·卢里、琼·诺尔斯、吉姆·塞尔纳、汤姆·布莱克、纳迪亚·阿拉丁、爱德华·奎因、埃德温·詹森、安妮·克雷默、萨尔克、马里奥·加尔斯、汤米·托马斯、金·安·柯廷、埃米·普雷斯曼、休·芬克豪泽、雅典娜·卡撒洛斯、凯特·勒斯克、罗谢勒·爱德华兹、尤金·迪朗、布拉泽·戴维、安东尼·查维斯、陈一鸣、安德鲁·格林伯格、史蒂夫·莱文、肖恩·斯蒂芬森、凯茜·康利、麦克·拉奥尔格，还有我的青年总裁协会论坛和乔恩·斯托布（他让我在上次斋戒期间想起我是怎样度过我生命中最黑暗的时期的，并证明我兼具坚韧和优雅的品质）。感谢萨利基和我的心灵沙龙小组，你们提供的帮助的重要性难以用言语表达。

感谢考特尼·卡卡沃，她有着独特的灵魂，拥有心理学与工商管理硕士学位。在我这个项目的早些时候，她帮我开展了很多研究工作。丹·拉塞尔教授是人工智能方面的博士，他总是以真性情对待自己的人生，并督促我诚实面对我的方程。桑迪普·索德教会了我什么是智慧，并帮助我突破了本书最后一道方程。给予我灵感的汪达·马洛帮助我保持跷跷板的平衡，使其不会太倾向方程而对情绪有所伤害。本·戴维斯在我深陷消沉时激励了我（还要感谢他的WPI团队），他通过幽默风趣的新方程［**智慧 = 经验 × 耳毛（时间的积累）**］，或通过想象去理解本书，从而给了我创造的火花。我也非常感谢伊恩和杰里米·卡内尔及其天才团队在“一对一互动”中提供的帮助，他们是福音传道者，同时也是创造力非常旺盛的传道者。

学术界一直非常慷慨。深感幸运的是，我一直能得到非常好的建议，我要感谢米哈里·契克森米哈赖、索尼娅·柳博米尔斯基、巴里·施瓦茨、芭芭拉·弗雷德里克森、琼·特温格、珍妮弗·艾克（他帮助我了解可口可乐和百事可乐之间的情绪战争：幸福与喜悦的对决）、尼古拉斯·克里斯塔基斯，丹·戈尔曼和菲利普·津巴多（我的大学教授，曾教过我心理学，并为我的最后一章创建了“屈辱”方程）。感谢马克·舒尔曼和他在塞布鲁克大学的同事，授予我名誉心理学博士学位。还有作家拉斐尔·卡什尼，他提醒我首先要跟着感觉走，其次是思考，最后是行动。

我永远感激幸福生活酒店集团的高级领导团队，在过去的10年当中，他们当中的许多人都经历了经济衰退：英格丽德·萨默菲尔德、克里斯琴·斯托贝尔、迈克·威斯纳、简·霍华德、卡莲·霍洛曼、琳达·巴勒莫、洛里·林肯、摩根·普兰特，迈克尔·斯塔诺和“直布罗陀巨石”安妮·康利。感谢加里·比斯利介绍吉奥洛投资集团给我，在我们成为合作伙伴后不到三个月就替我掌管公司，使我有时间来写作本书。当然还要感谢幸福生活酒店集团的联席主席，同时也是我的朋友约翰·普里茨克，他堪称如何做人的典范。还有雷切尔·卡尔顿、萨拉·佩德森、瓦莉萨·多尔蒂和卡伦·克洛斯，在所有艰难的情况下你们都那样支持我（请原谅我时而的古板和敏感）。

接下来我要感谢我们非凡的团队。首先是帮助我写作本书的文学代理人理查德·派因，在我没有向他解释我身为一个全职首席执行官要如何腾出时间写作本书之前就完全信任我。感谢我在美国自由出版社的一流团队成员：多米尼克·安富索、唐娜·洛弗雷多、苏珊·多诺霍、劳拉·库克、凯莉萨·海斯、克莱尔·凯利和梅根·卡西迪，他们毫不犹豫地投入工作。这里特别要感谢我的编辑莱斯利·梅雷迪思，他一次又一次帮助我理清思路，以便我更好地表达自己的思想。感谢凯文·斯莫尔、马特·米勒、阿什利·戴维斯、彼得·雅各布和奥利维娅·梅茨格，你们帮助我把本书付诸实践。

德布拉·阿马多尔，对我而言，你既是同事又是家人，因为你就像我的血液。你是我 4 本书的私人编辑，还是我“奇普公司”这个太阳系的中心。感谢你一天 24 小时，无论何时我遇到困难、需要你的建议或是急需赶稿时，你都会提供帮助。对于我的母亲和父亲，我还能多说什么呢？我是这个世界上最幸运的儿子，因为能够得到你们的支持，尤其是在过去的几年里，你们知道那正是我的人生发生转变的时候。感谢我的儿子达米安·霍尔，你和我在情绪困境里一起度过了非常痛苦的几年，我希望你能继续考虑和关注人生的意义。

最后，我要诚挚地感谢你，头号民众观察员艾伦·凡特。早在马尔科姆·格拉德威尔写出有关人类行为的畅销书之前，艾伦·凡特就已经在电视上公开了人性的基本真理（事实上，就是在我 1960 年出生的那一年，哥伦比亚广播公司首映的《隐藏的相机》真人秀节目里）。他是第一个真正即便采用比躺在心理医生的沙发上还要让人放松的方式，也能使我们更接近心理学与我们的情绪的“街头心理治疗师”。艾伦·凡特的研究告诉我，**人性+幽默=极乐**。